HAIR SHAMPOO &
HEADSPA

한 권으로 끝내는

헤어샴푸 & 헤드스파

피현길 · 김선희 · 김수미

메디시인

머리글

최근 건강한 두피, 아름다운 모발의 유지와 더불어 심신의 치유를 원하는 소비 트렌드를 반영한 미용 산업이 현저하게 발전하고 있습니다. 샴푸, 두피모발관리, 헤드스파 영역은 이러한 고객의 요구를 충족시키기에 적합한 분야로 이전과 차별화된 다양한 프로그램의 개발과 전문 인력 배출에 대한 수요가 증가하고 있습니다.

이러한 산업현장의 요구를 반영하여 실무형 인재 양성을 목표로 NCS 능력단위 헤어샴푸(1201010118_17v4), 두피·모발관리(1201010112_17v4)와 헤드스파케어(1201010140_17v4)를 기반으로 취업 약정형 준오헤어디자인과의 교육 노하우를 접목하여 이 실무서적을 집필하였습니다.

이 책의 **1장 두피와 모발** 영역은 최신 학계의 연구를 반영한 객관화된 지식을 전달하고 인체 해부분야 용어의 한글화 표기를 반영하였으며, **2장**은 **샴푸** 영역으로 준오헤어 현장의 실전 샴푸테크닉을 동영상으로 학습할 수 있도록 제공하고, **3장**은 **헤드스파** 영역은 고객이 두피와 모발 관리와 힐링을 함께 경험할 수 있는 종합적인 프로그램을 구성하는 실무능력을 키울 수 있도록 구성하였습니다.

이 책을 통하여 산업 현장과 교육현장의 현실성 있는 연계로 생생한 현장 중심 교육을 이수한 인력을 양성하는 것이 교육의 목표가 되기를 희망합니다.

끝으로 출판을 위해 수고해 주신 경복대학교 준오헤어디자인과 8기 권민정·민예나·이슬기 학생에게 감사의 마음을 전합니다.

경자년 새 봄에

저자 일동

차례

Contents

Chapter 1

두피와 모발

1. 머리뼈
2. 두피
3. 모발

Chapter. 1

두피와 모발

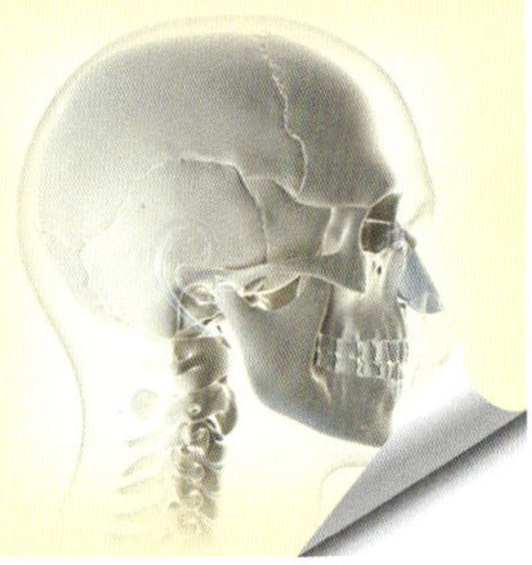

1. 머리뼈(뇌두개골, skull)

1. 머리뼈의 구성

머리뼈(뇌두개골, skull)는 머리와 얼굴을 구성하고 있는 뼈로 뇌머리뼈(뇌두개골, cranial bone) 8개, 얼굴뼈(안면골, facial bone) 14개, 귓속뼈(이소골, auditory occicle) 6개 등 총 28개의 뼈로 구성된다. 머리뼈(두개골, skull)에서 움직일 수 있는 관절은 아래턱뼈(하악골, mandible)뿐이며 나머지 뼈들은 섬유성 결합조직에 의해 단단히 고정되어서 움직일 수 없는 부동관절이다.

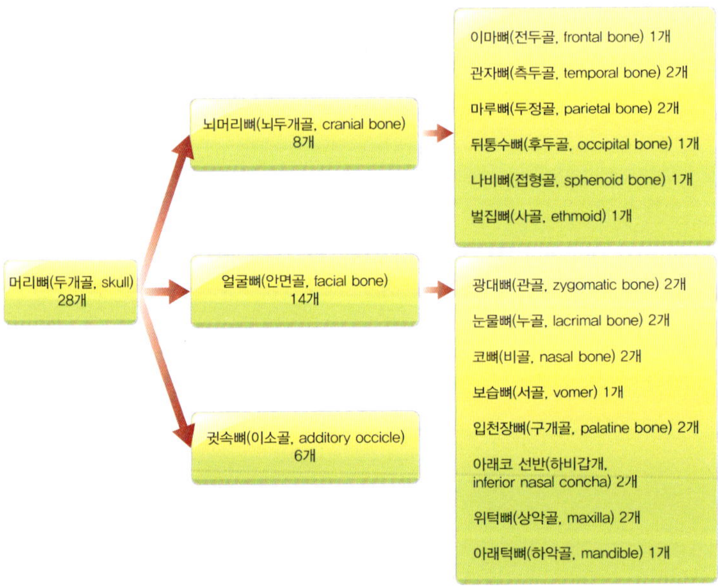

그림 1-1 머리뼈(두개골, skull)의 구성

2. 머리뼈의 기능과 구조

(1) 머리뼈의 기능

머리뼈(두개골, skull)는 뇌를 보호하는 가장 중요한 뼈로 뇌머리뼈(뇌두개골, cra nial bone)는 손상받기 쉬운 뇌 조직을 둘러싸고 보호하며, 얼굴뼈(안면골, facial bone)는 얼굴 표정을 만드는 얼굴 근육을 움직일 수 있게 한다.

머리뼈는 제1목뼈(제1경추, Cervical vertebrae)인 환추(제1목뼈, atlas)가 받치고 있어서 머리를 끄덕 거릴 수 있으며 제1목뼈는 바로 아래에 있는 제2목뼈(제1경추, Cervical vertebrae)인 축추(제2목뼈, epistropheus) 위에서 회전할 수 있기 때문에 사람은 머리를 좌우로 돌릴 수 있다.

(2) 머리뼈의 구조

머리뼈(두개골, skull)의 뒤쪽 아래 부분에는 뒤통수뼈(후두골, occipital bone)이 있으며, 중앙에 위치한 큰 후두구멍으로 척수(spinal cord)가 나간다. 마루뼈(두정골, parietal bone)과 관자뼈(측두골, temporal bone)는 두개의 둥근 천장을 형성하며, 이마뼈(전두골, frontal bone)는 이마를 형성한다. 머리뼈 앞쪽 아래 부분은 나비뼈(접형골, sphenoid bone)과 벌집뼈(사골, ethmoid bone)가 위치한다.

얼굴뼈(안면골, facial bone)에는 광대뼈(관골, zygomatic bone)가 있으며, 관자뼈(측두골, temporal bone)와 결합하여 입천장뼈(구개골, palatine bone)와 위턱뼈(상악골, maxilla)를 형성한다.

콧구멍은 보습뼈(서골, vomer)에 의해 나뉘며 코뼈(비골, nasal bone), 눈물뼈(누골, lacrimal bone), 아래코 선반(하비갑개, inferior nasal concha) 등으로 이루어져 있다.

유아기에는 머리뼈를 형성하는 뼈 사이의 봉합이 느슨하지만 성인이 되면서 단단해진다.

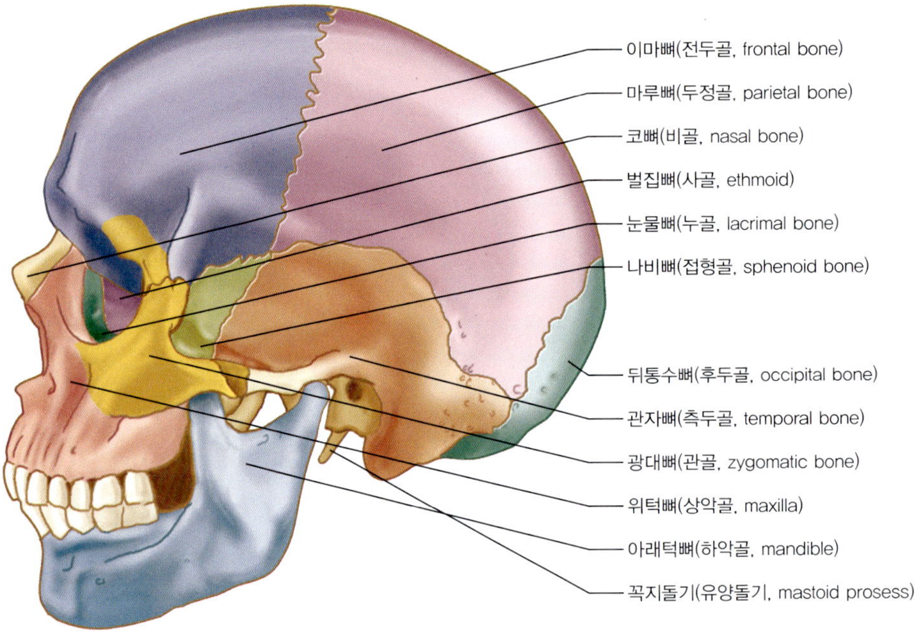

그림 1-2 머리뼈(두개골, skull)의 구조

2. 두피

1. 두피의 정의

두피는 뇌를 담고 있는 머리뼈(두개골, skull)를 덮고 있는 얇은 피부 조직을 뜻한다. 두피의 면적은 약 700 cm² 정도이고 약 8만 개의 모낭이 존재하며 평균 두께는 1.5 mm 정도로 다른 피부 조직에 비해 얇은 편이어서 환경 변화에 빠른 반응이 나타난다.

2. 두피의 기능

(1) 보호 기능

두피는 머리 속에 있는 모든 기관을 외부의 충격 · 자외선 · 더위 및 추위로부터 보호하는 기능을 한다. 또한, 두피 표면은 pH 4.5~5.5 정도의 약산성을 유지하고 있어서 세균 증식을 억제하고 화학물질 등 이물질의 침투를 막는 기능을 가지고 있다.

(2) 배출 및 흡수 기능

두피에 존재하는 땀구멍(한공)은 체온이 상승하면 땀을 배출하여 온도를 조절하는 기능을 하며 털구멍(모공)은 피지를 분비하며 체내의 이물질 및 노폐물을 배출하는 기능을 한다. 또한, 땀구멍(한공)과 털구멍(모공) 및 각질과 각질 사이에 존재하는 지질 조직은 화장품 성분을 비롯한 외부 물질을 흡수하는 기능을 하기도 한다.

(3) 호흡 및 비타민 D(Vitamin D) 합성 기능

두피를 포함한 피부 조직은 인체 전체 호흡의 약 1% 정도를 담당하고 있는 것으로 알려져 있으며, 햇빛을 받으면 비타민 D(Vitamin D)를 합성한다.

(4) 감각 기능

두피 조직에는 냉각 · 온각 · 압각 · 통각 등 감각 신경의 말단이 존재하므로, 온도에 의한 자극이나 누르거나 두드리는 등의 자극에 민감하다.

3. 두피의 구조

두피는 표피 · 진피 · 피하지방 등 세 개의 층으로 이루어져 있으며, 모간 · 모근 · 모구 부위로 나눈다. 두피 표면에는 머리털(모발) · 땀구멍(한공) · 털구멍(모공)이 있으며, 그 밑에는 모낭 · 피지선 · 땀샘(한선) · 모세혈관 · 감각신경 말단 · 털세움근(입모근) 등이 존재한다.

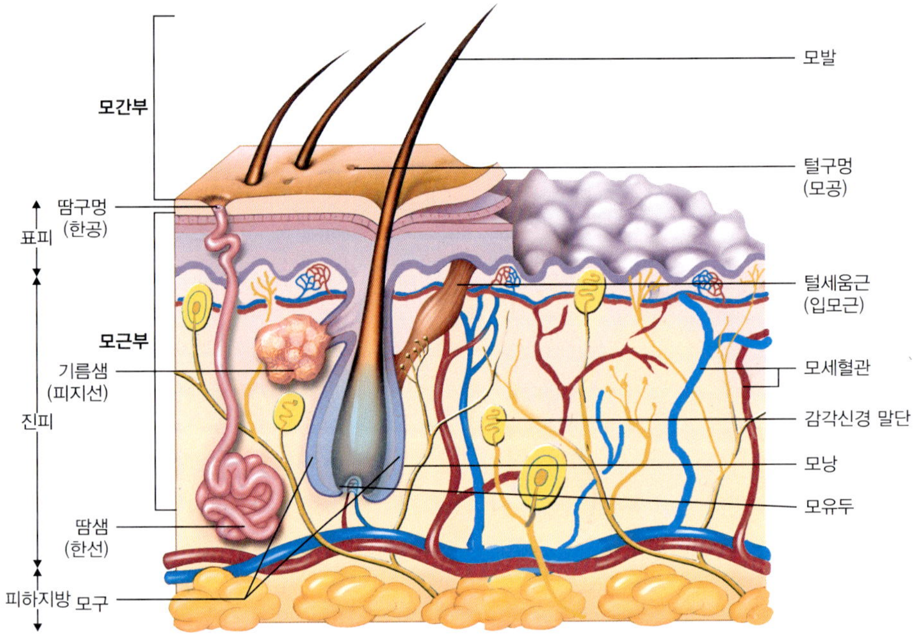

그림 1-3 두피의 구조

4. 두피 유형

(1) 피지 분비량에 따른 분류

① 중성 두피

두피의 피지와 각질층의 수분 유실량이 적합하고 생리적 기능이 정상적인 두피이다. 표면의 색은 맑은 우유 빛깔을 띠며 적절한 피지막이 형성되어 촉촉하게 투명감을 보인다. 청결하게 세정되어 모공 주변이 각질과 노폐물로 쌓여있지 않고 한 개의 모공에 2~3개의 모발이 자라 나오고 있다.

두상 전체의 모발의 굵기와 모량이 일정한 편이다.

중성 두피는 올바른 샴푸법으로 세정하고 두피와 모발을 건조하고 1~2주에 1회 정도 스케일링으로 묵은 각질과 피지 산화물을 제거하여 정상적인 두피의 상태가 유지되도록 한다.

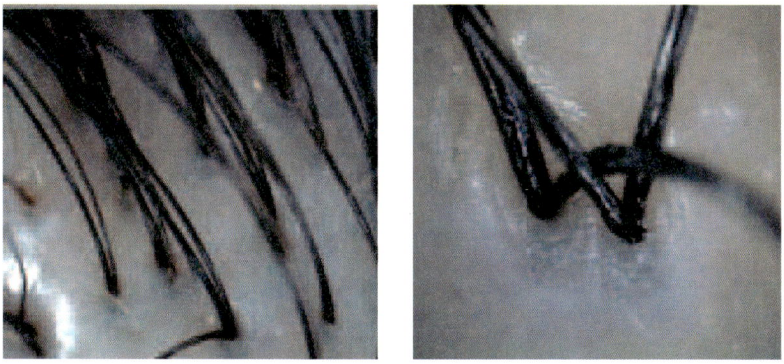

그림 1-4 중성 두피

② 건성 두피

피지의 분비량이 적고 각질층의 수분 유실량이 많은 두피이다. 표면이 건조하고 윤기가 없이 탁한 빛을 띠며, 모공 주변은 얇고 하얗게 각질이 일어난 형태로 보인다.

잦은 샴푸를 하거나 건조한 계절에는 두피의 가려운 증상이 생기기도 한다. 2~3일 정도 샴푸하지 않아도 두피와 모발이 기름지지 않으며 모발의 굵기가 얇고 윤기가 없어 보인다.

건성 두피는 자극이 적은 제품을 사용하여 묵은 각질을 제거한 후, 두피를 마사지하여 피지선이 활성화되도록 자극하고, 부족한 지질과 유실된 수분을 공급하여 피지막을 보충한다.

그림 1-5 건성 두피

③ 지성 두피

피지선의 기능이 활성화되어 넓어진 모공에서 피지 분비량이 많은 두피이다. 표면이 축축하고 번들거려 보이고 모공 주변에 과다 분비된 피지와 각질 및 이물질 등이 엉겨붙어 있다. 과다한 피지로 모발도 기름지고 가라앉는 현상을 보인다.

지성 두피는 주 1~2회 정도 스케일링제를 사용하여 두피의 각질을 제거하고 모공을 청결히 하며 피지와 노폐물의 흡착력이 좋은 샴푸를 사용한다. 두피의 피지선이 자극되는 강한 마사지 동작은 피한다.

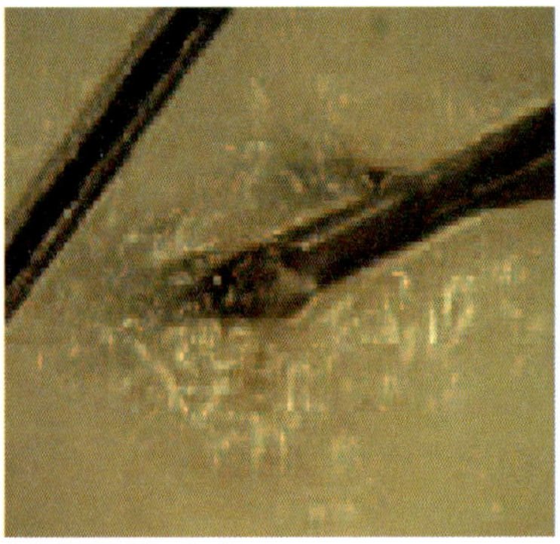

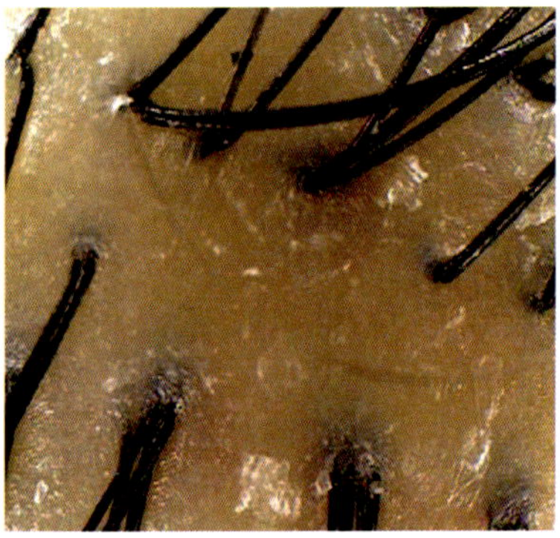

그림 1-6 지성 두피

피지(sebum)

- 모낭의 부속물인 피지선은 가슴이나 등, 특히 얼굴 중앙부와 두피에서 분포 밀도가 높게 나타난다.
- 피지선의 세포분열로 만들어진 피지는 모공을 통해 외부로 분비되고, 성호르몬 안드로겐은 피지의 분비를 촉진한다.
- 피지는 트리글리세리드(triglyceride), 유리지방산(free fatty acid), 왁스(wax), 스쿠알렌(squalene), 콜레스테롤(cholesterol)의 지질로 구성되어 있다.
- 분비된 피지는 두피의 표면에 피지막을 형성하여 각질층의 수분을 보존함으로써 pH 균형을 유지하고, 두피와 모발을 부드럽게 하며 보호하는 역할을 한다.

(2) 증상에 따른 두피 유형

① 민감성 두피

정상적인 두피에 비해서 각질주기가 짧으며 각질층이 얇고 피지 분비량이 적은 두피이다. 표면에 옅게 붉은 색은 띠는 부분이 많으며 모세혈관이 확장되어서 드러나 보인다. 유전적이거나 스트레스 및 잦은 화학시술 등이 발생 원인이 될 수 있으며 외부자극에 약하고 따가움 · 가려움 · 발열감 등의 현상이 자주 발생한다.

민감성 두피는 자극을 줄이고 스트레스를 완화하여 신체의 면역 기능이 회복되도록 한다. 두피를 진정시키는 제품을 사용하고 자극이 적은 림프 마사지로 노폐물의 배출을 도와준다.

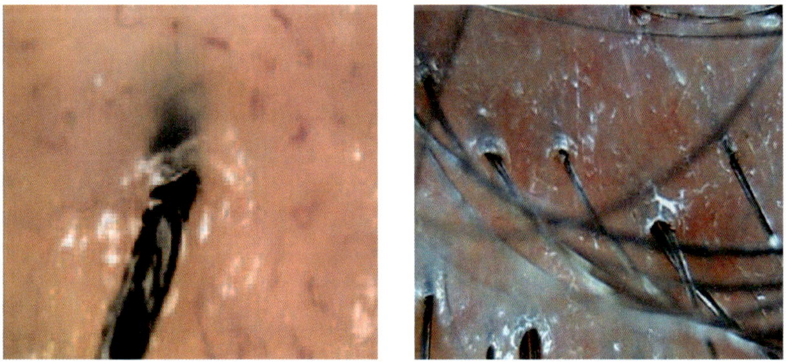

그림 1-7 민감성 두피

② 지루성 두피

과도하게 분비된 피지와 각질 및 노폐물들이 쌓여서 막힌 지루성 두피의 모낭에서는 여드름균(*P. acne*)의 증식이나 모낭충(demodex)으로 인한 염증이 발생하기도 하고, 비듬균의 증식으로 과다각질이 생성되어 가려움증을 동반하기도 한다. 표면은 끈적이며 탁한 빛을 띠고 홍반과 확장된 모세혈관 또는 농포성 염증이 보인다. 홍반이 심하고 염증이 동반된 부위의 모발의 굵기는 가늘고 모발 양은 감소해 보인다.

지루성 두피는 모공을 청결히 하고, 염증을 살균하고 두피를 진정할 수 있는 자극이 적은 제품을 사용한다. 가려움과 염증이 심할 경우에는 지루성 피부염 병원치료를 받도록 권유한다.

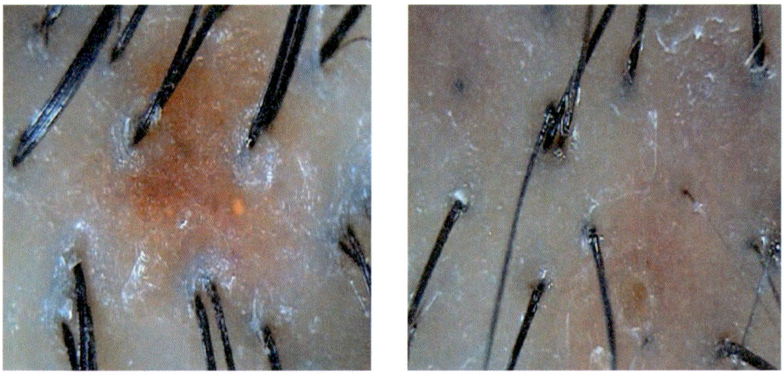

그림 1-8 지루성 두피

③ 비듬성 두피

비듬이란 작은 조각 모양으로 표피가 탈락되어 각질이 눈에 띄게 나타나는 현상으로, 피지선의 과다 분비 · 호르몬의 불균형 · 두피 세포의 과다 증식 · 말라세시아(malassezia) 효모균의 과다 증식이 원인으로 나타날 수 있다.

비듬성 두피의 표면에는 건조하거나 또는 기름기가 있는 작은 각질 조각이 보이고, 지루 피부염이나 건선과 같은 두피 피부 질환을 동반하며 가려움증이 생긴다. 두피를 청결하게 하고 항진균제 등이 포함된 약용 샴푸를 일주일에 2~3번 사용한다.

그림 1-9 비듬성 두피

④ 탈모성 두피

탈모란 성모가 빠져나가서 모발이 있어야 할 부위에 모발이 없는 상태를 말한다. 두피에는 약 10만 개의 모발이 있으며 하루에 약 50~100개의 모발이 빠지는 것은 정상적인 현상이다.

남성형 탈모는 유전적이거나 남성 호르몬 안드로겐(androgen)의 원인으로 두상의 양쪽 측두부로 M자 모양의 이마가 넓어지며 정수리부터 탈모가 진행한다. 여성형 탈모는 두정부 중심의 모발이 가늘어지고 머리숱이 적어지는 특징을 보인다.

자가 면역 질환인 원형 탈모는 다양한 크기의 원형 또는 타원형으로 모발이 빠지는 증상으로 수염이나 눈썹 등에도 생긴다. 휴지기 탈모는 내분비 질환, 영양 결핍, 스트레스, 출산 등의 원인으로 인하여 일시적으로 발생한다.

탈모는 스트레스를 줄이고 조기 예방 관리하는 것이 중요하다. 현재 탈모를 치료하기 위해 스테로이드 연고, 미녹시딜 등의 약물처방, 모발이식 수술방법 등이 사용되고 있다.

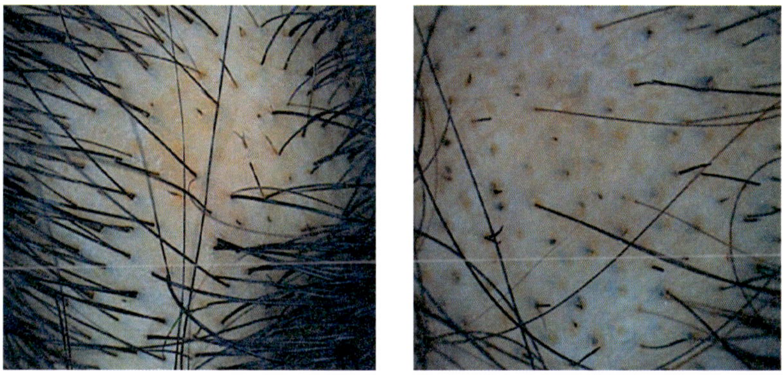

그림 1-10 탈모성 두피

3. 모발

1. 모발의 정의 및 기능

피부의 모낭에서 자라는 단백질 섬유를 '털'이라고 하며, 그 중에 머리에 분포되어 있는 털을 '머리털,' '머리카락'이라고 하여 짧게 줄여서 '머리'라고 말하기도 한다. 한자로는 '모발(毛髮)' 또는 '두발(頭髮)'이라고 하는데 '모발(毛髮)'은 온 몸의 털을 총칭하기도 하고 머리에 난 털을 의미하기도 한다. 영어로는 '헤어(hair)'라고 한다.

털은 포유류를 결정하는 특징 중의 하나이며 사람의 경우에는 손바닥 · 발바닥 · 입술 등을 제외하고는 온 몸에 분포한다. 약 130~140만 개 정도이며, 이 중 모발은 약 8~12만 개로 정도이고 날마다 0.3~0.4mm씩 자라며 약 80~100개 정도 자연 탈락한다.

포유류에서 털은 중요한 보호와 보온의 기능을 하지만, 사람에게는 보온과 보호의 기능보다는 자신의 아름다움과 개성을 표현하는 방법의 하나로 미용적인 기능이 큰 부분을 차지하고 있다.

2. 모발의 성분

모발은 70~80%의 케라틴(keratin), 10~15%의 수분, 1~8%의 지질, 그 외 미량 원소, 멜라닌 등으로 이루어져 있다.

케라틴은 사람의 모발, 손톱, 발톱, 각질 등을 구성하는 단백질로 점성이 높고 탄성이 좋으며 물에 잘 녹지 않는 성질을 갖고 있다. 특히 황 함유 아미노산(amino acid)인 시스테인(cysteine)을 함유하고 있어서 다른 단백질에 비해서 단단하다.

3. 모발의 구조

모발은 가장 바깥층인 모표피(cuticle), 중간부분을 구성하고 있는 모피질(cortex), 그리고 중심부를 이루고 있는 모수질(medula)로 구성된다.

(1) 모표피(cuticle)

모발의 가장 바깥쪽을 구성하는 모표피는 5~15층의 얇고 투명한 조직이 물고기 비늘 모양으로 겹쳐져서 모피질을 감싸는 형태로 존재하며, 모발 전체의 약 10~15% 정도를 차지한다. 최외표피(에피큐티클, epicuticle), 외표피(엑소큐티클, exocuticle), 내표피(엔도큐티클, endocuticle) 등 세 개의 층으로 구분된다.

최외표피(에피큐티클, epicuticle)는 가장 바깥층으로 화학약품에는 강한 저항성이 있으나 및 물리적 자극에는 약한 편이다. 외표피(엑소큐티클, exocuticle)는 가운데 부분으로 시스틴(cystine) 함량이 많아서 부드리우며, 친유성 조직으로 펌제나 염모제 등의 화학약품에 약하다.

간층물질(세포막 복합체, CMC : cell membrane complex) 내표피(엔도큐티클, endocuticle)는 가장 안쪽의 층으로 친수성이며 알칼리성에 약하다.

(2) 모피질(cortex)

모발의 가운데 부분을 구성하는 부분으로 모발 전체의 85~90%를 차지하며 모발의 질을 결정하는 중요한 조직이다. 친수성으로 멜라닌 색소가 존재하여 모발의 색상이 정해지며 화학약품에 약해서 펌이나 염색 시술이 이루어지는 조직이다.

(3) 모수질(medulla)

모발의 중심부를 구성하는 조직으로 연모 등 얇은 모발에는 존재하지 않는 경우가 많다.

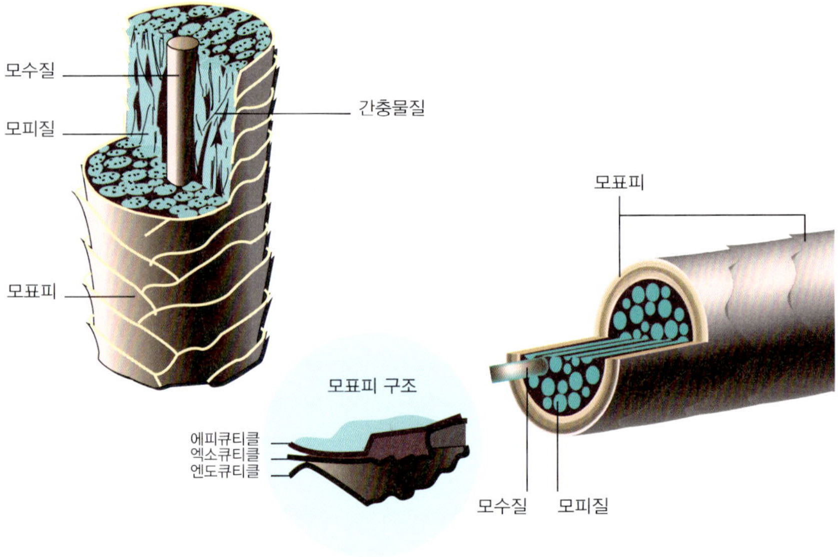

그림 1-11 모발의 구조

4. 모주기(hair cycle)

인체의 모발은 태어날 때 그 숫자가 개인마다 정해져 있으며 모든 모발이 동시에 생성되고 빠지는 것이 아니라 각각의 모발이 성장기, 퇴화기, 휴지기, 발생기(자연탈락)의 모주기를 반복하게 된다.

(1) 성장기(anagen)

모발은 모유두의 모세혈관에서 공급되는 영양분으로 자라기 시작하는데 이 시기를 성장기라고 하며, 여성은 4~6년 유지되고 남성은 4~5년 유지된다.

(2) 퇴화기(catagen)

모구부의 수축이 일어나면서 모발의 성장이 멈추게 되는 시기로 모유두가 분리되어 위쪽으로 올라가게 된다. 30~45일 정도 유지된다.

(3) 휴지기(talogen)

분리된 모유두가 위축되고 모낭은 줄어들고 모근도 위쪽으로 밀려 몰라가서 모낭의 깊이도 1/3 정도로 줄어드는 시기이다. 다음 성장기가 시작될 때까지 약 3~4개월 유지되며 전체 모발의 약 15%가 휴지기이며 빗질에 의해서도 모발이 쉽게 빠진다.

(4) 발생기(자연탈락, return to anagen)

한 모낭 안에 서로 다른 모주기의 모발이 함께 존재하여 모구가 팽창되면서 새로운 모발이 성장하며 휴지기의 모발은 자연적으로 밀려서 빠지게 된다.

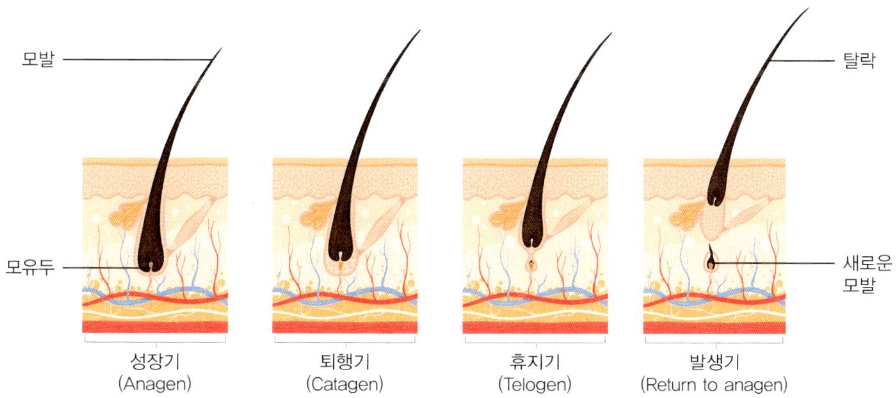

그림 1-12 모주기

5. 모발의 종류

인체의 손바닥 · 발바닥 · 입술 등을 제외하고, 온 몸에 분포하는 털은 굵기와 길이에 따라 경모 · 연모 · 장모 · 단모로 구분할 수 있다. 모수질과 멜라닌 색소를 많이 가지고 있는 길고 굵은 모발, 수염 등은 경모로 분류하며 모수질이 없으며, 멜라닌 색소가 적은 솜털 · 속눈썹 · 피부의 대부분을 덮고 있는 가늘고 짧은 털 등은 연모에 포함된다.

또한, 모발은 형태에 따라 직선으로 자라 나오는 직모(straight hair), 가늘고 물결 모양의 웨이브가 있는 파상모(wavy hair), 주로 흑인종에서 많이 나타나는 강하게 곱슬거리는 축모(kinky hair)로 분류할 수 있다.

모발의 횡단면을 보면, 직모는 동그란 모양에 가장 가깝고, 파상모는 약한 타원형이며, 축모가 가장 편평한 모양을 가지고 있다. 또한, 모발의 구부러짐이 강할수록 모발이 두개골에 대하여 비스듬한 방향으로 자라 나오고 있다.

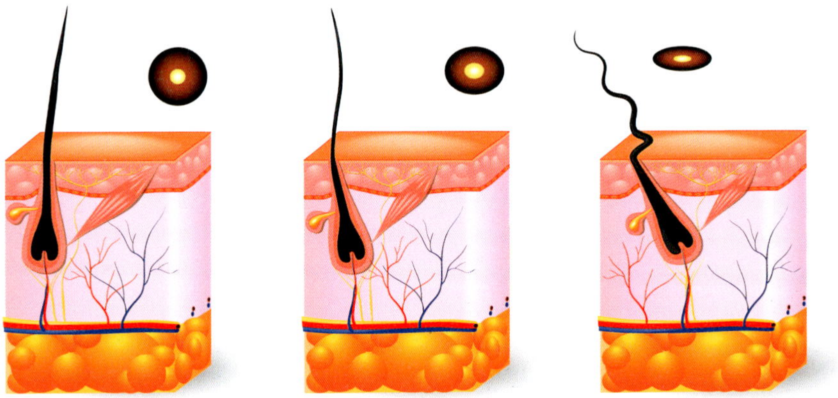

그림 1-13 모발의 단면과 모낭의 형태

손상 모발

- 발수성 모(撥水性毛) : 단단하게 밀착된 모표피에 지질이 둘러싸여 용액의 흡수가 잘 되지 않는 모발로 분무한 물방울이 표면을 따라 떨어진다.
- 지모(支毛) : 모피질의 간층물질이 빠져 나가고 모발끝이 세로로 갈라지는 모발
- 결절성 열모(結節性裂毛症) : 모간에 불규칙한 간격으로 흰색 결절이 발생한 모발로 결절된 마디가 끊어진다.
- 다공성 모(多孔性毛) : 모발의 간층물질이 빠져 나가서 모피질에 빈 공간이 많은 모발로 팽윤이 쉽게 되고 인장강도가 약하다.

6. 모발의 성질

(1) 모발의 탄성

긴 사슬형태의 섬유상 단백질(fibrous protein)인 모발 케라틴은 잡아당겼다가 놓으면 원래의 자리로 돌아가려는 탄성(elasticity)이 있다.

힘을 주어 모발을 당기면 모발이 늘어나면서 굵기가 가늘어지다가 끊어지게 되는데, 이때 모발이 늘어난 비율을 신장률(%, 신도)이라고 하며, 끊어질 때 가해진 힘을 인장강도(g)라고 한다. 건강한 건조모발의 신장률은 약 40~50%이고, 젖은 모발의 경우 건조모발에 비하여 신장률이 약 30% 높아지고 인장강도는 약 1/2로 감소한다.

(2) 모발의 흡습성과 흡수성

모발의 흡습성(hygroscopicity)이란 공기 중에서 기체 상태인 수분을 흡수하고 방출하는 것을 말하고 액체 상태인 수분을 흡수하는 것은 모발의 흡수성(absorptivity)이라고 한다.

건강한 모발의 수분량은 약 10~15%이며, 세정 직후 약 30%, 드라이를 사용한 건조 후에도 약 10%의 수분을 보유하고 있다.

(3) 모발의 팽윤

모발의 간층과 결합구조 사이로 수분 등의 액체를 흡수하여 부피가 늘어나 부푸는 현상을 팽윤(swelling)이라고 하며, 구조의 결합이 무너지고 용해되기 전 단계이다.

모발 단백질은 용액의 pH(potential of Hydrogen)에 따라 형태 및 성질의 변화가 발생하며, pH 약 4.5~5.5 사이에서 가장 안정화된 상태를 유지하여 이 수치를 '모발의 등전점' 이라고 한다. 등전점을 기준으로 알칼리 용액과 만나면 모발은 팽창 · 팽윤되고 산성 용액에서는 단백질이 수축하여 탄력이 생긴다. 물론, 강산과 강알칼리에서 모발 단백질은 모두 용해된다.

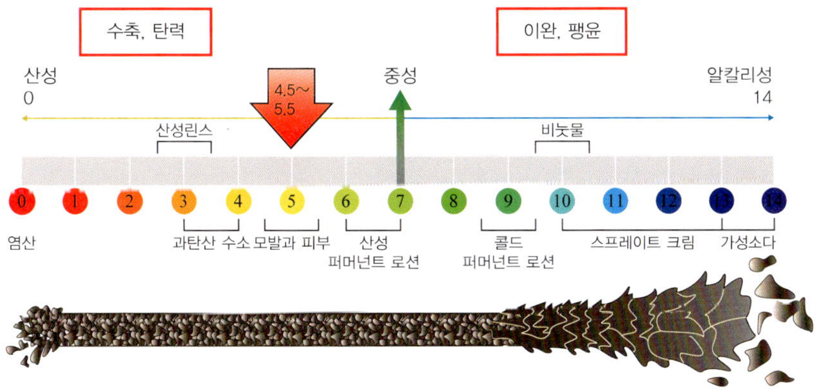

그림 1-14 모발과 pH

pH(수소이온농도지수, potential of Hydrogen)

- 물질 속에 녹아 있는 수소이온(H^+)의 농도를 0부터 14가지의 간단한 숫자로 나타내는 척도
- 용액 1L 속의 수소이온농도의 역수를 상용 로그화하여 pH 기호를 붙임.
  예) 순수한 물 1L의 수소이온 농도는 $10^{-7} \rightarrow 10^{7} \rightarrow \log 10^{7} \rightarrow 7 \rightarrow$ pH 7
- 수소이온의 양은 아주 작은 숫자이고 광범위하게 변화하기 때문에 그램이온(gram ion)이라는 단위로 표시할 경우는 복잡함.

등전점

- 단백질 등의 양쪽성 전해질 입자의 전하가 0이 될 때의 상태를 용액의 pH로 표기
- 등전점에서 물질이 가장 용해되기 어려움.

(4) 모발의 열변성

모발은 가열에 의한 구조변화와 열변성(thermal denaturation)이 발생한다. 모발은 약120℃에서 수분의 증발이 급격히 일어나서 다공질구조로 팽화되고 이후 계속 온도가 높아지면 변색이 일어나면서 모발이 타고 분해된다. 습도가 높을 경우에는 약 60℃ 전후의 낮은 온도에서도 변성이 발생한다.

모발 스타일링에 사용하는 아이론 기기는 약 200℃, 드라이어의 송풍구는 약 90℃로 가열되므로 사용에 각별히 주의하도록 한다.

또한, 태양광선의 적외선과 자외선의 영향으로 인한 광변성(light denaturation)으로 모발의 탈색과 탈모가 발생하기도 한다.

(5) 모발의 대전성

마찰과 같은 접촉이 일어날 때 전자를 주고받아 전하량의 평형이 깨지고 음이온(−)전기 혹은 양이온(+)전기를 띠는 현상을 대전(electrification)이라고 한다. 모발은 양극성 아미노산인 대전체로 마찰로 인해 양이온(+)전기를 띠고 정전기를 발생한다. 정전기는 습도와 온도의 영향을 받기 때문에 실내온도를 낮추거나 수분을 보충하여 정전기를 방지할 수 있다. 대부분의 린스(트리트먼트) 제품에는 대전 방지제가 첨가되어 있다.

Chapter 2

릴렉싱 샴푸와 린스

1. 샴푸
2. 린스
3. 트리트먼트
4. 실전 릴렉싱 샴푸와 린스

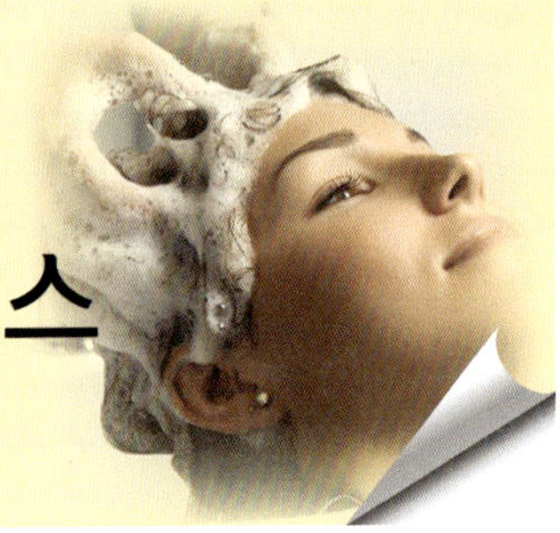

Chapter. 2

릴렉싱 샴푸와 린스

1. 샴 푸

힌두어인 'champo'(마사지하다, 누르다)에서 유래한 샴푸(shampoo)는 세정과 두피 마사지를 동시에 진행하는 매우 중요한 단계이다.

샴푸의 목적은 두피와 모발에 쌓인 피지, 땀, 각질, 헤어제품, 먼지 등을 세정하여 청결히 하고 모근부의 혈액순환을 촉진하여 건강한 두피와 모발을 유지하기 위함이다.

또한, 시술 전 샴푸는 정확한 두피와 모발 진단에 도움이 되며 화학시술제품이 모발에 쉽게 침투하게 된다.

샴푸는 두피와 모발의 유형에 따라 다양한 종류가 있으며 일반적인 샴푸는 두피의 유형에 따라 선택하고 사용하는 것이 효과적이다.

1. 샴푸의 성분

샴푸의 기본 성분은 피부 기초화장품의 성분과 동일한 물, 보습제, 유성 성분, 계면활성제와 첨가제인 방부제, pH조절제, 금속이온봉쇄제, 산화방지제, 점증제, 색재, 향료 등을 함유하고 있다.

그 밖에 모발 및 두피의 세정력을 상승시키기 위한 거품 증진제, 모발의 노폐물 흡착을 돕기 위해 침투제, 모발에 침전이 남는 것을 방지하기 위한 분산제 등이 함유되어 있다. 또, 세정 후에도 건강한 모발과 두피를 유지하기 위하여 조정제, 컨디셔닝제, 형광제, 정전기방지제 등의 성분도 함유하고 있다.

표 2-1 샴푸의 기본 성분

	성분	용도
세정 성분	계면활성제	거품을 형성하고 세정 작용을 한다.
	거품증진제	거품의 생성을 도와 주고 유지시켜 준다.
	침투제	모발의 노폐물 흡착을 도와 준다.
	분산제	모발에 침전물이 남는 것을 방지한다.
컨디셔닝 성분	보습제	샴푸 후 모발의 건조를 막아 보습효과를 높인다.
	유성 성분	샴푸 후 피지의 제거로 인한 두피 건조를 방지한다.
	조정제	샴푸 후 모발에 윤기와 탄력을 준다.
	컨디셔닝제	샴푸 후 모발 표면을 보호하고 모발을 부드럽게 만든다.
	형광제	샴푸 후 모발의 광택을 준다.
	정전기방지제	샴푸 후 모발의 정전기를 방지한다.
기타 첨가제 (제품 안정화 성분 등)	방부제	세균 등의 번식으로 인한 제품 부패를 방지한다.
	pH 조절제	제품의 산성도를 유지한다.
	금속이온봉쇄제	금속이온과 샴푸 성분과의 화학 반응을 방지한다.
	산화방지제	제품이 산화되는 것을 방지한다.
	점증제	제품의 점도를 증가시켜서 사용을 편리하게 한다.
	색재	제품의 상품성을 높인다.
	향료	제품의 상품성을 높인다.

2. 샴푸의 세정 작용

(1) 계면활성제의 구조

샴푸의 주요 목적인 세정 작용은 계면활성제의 작용에 의해 이루어진다. 계면활성제는 물과 기름처럼 서로 섞이지 않는 물질이 서로 맞닿아서 생기는 경계면을 완화해서 두 물질을 하나의 물질처럼 보이게 섞어 주는 물질로 물과 섞이기 쉬운 친수성(hydrophilic)을 나타내는 부분과 기름과 섞이기 쉬운 친유성(lipophilic)을 나타내는 부분을 함께 가지고 있는 화합물이다.

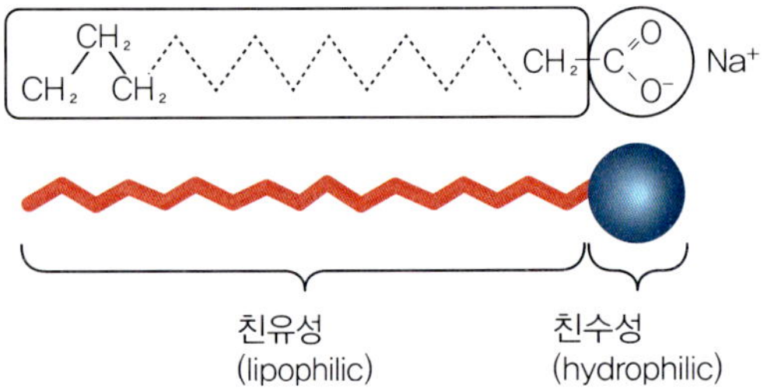

그림 2-1

계면활성제의 구조

(2) 계면활성제의 종류

계면활성제는 기름에 강염기를 넣어서 합성하는데, 기름과 염기의 종류에 따라 다른 종류의 계면활성제가 만들어진다. 계면활성제의 친수성기의 성질에 따라 음이온성 계면활성제, 양이온성 계면활성제, 양쪽성 계면활성제, 비이온성 계면활성제 등으로 나눈다.

음이온성 계면활성제는 거품을 생성하여 세정작용이 뛰어나며, 샴푸나 비누 등에 주로 사용된다. 양이온성 계면활성제는 정전기 방지 · 살균 · 소독 작용이 뛰어나며, 헤어린스와 트리트먼트 및 정전기 방지제 등에 사용된다. 양쪽성 계면활성제는 세정작용은 약하지만 피부자극이 적어서 베이비 샴푸 등에 사용되며, 비이온성 계면활성제는 피부자극이 적고 습윤 · 유화 효과가 있어서 기초화장품류에 많이 사용된다.

표 2-2 계면활성제의 종류

종류	특징	주 사용제품
음이온성 계면활성제	• 세정 작용 • 거품 형성	• 비누 / 샴푸 • 클렌징폼 • 보디 클렌저
양이온성 계면활성제	• 정전기 방지 • 살균작용 • 소독작용	• 헤어린스 • 트리트먼트 • 정전기 방지제
비이온성 계면활성제	• 약한 세정 작용 • 약한 피부자극	유아용 샴푸
방부제	• 약한 피부자극 • 보습 효과 • 가용화/유화 능력	기초 화장품류

(3) 세정작용의 원리

모발과 두피에 묻는 오염물질은 진흙처럼 물에 잘 씻겨지는 것과 기름처럼 물에 잘 씻겨지지 않는 것으로 구분할 수 있다.

모발과 두피의 오염물질은 체내에서 만들어지는 피지 · 비듬 · 땀 등과 외부로부터 묻는 먼지나 스타일링 제품 등이 뒤엉켜서 기름때를 형성되므로, 계면활성제와 같은 세정작용이 있는 성분을 함유한 제품을 사용해야 오염물을 깨끗하게 씻어낼 수 있다.

샴푸의 계면활성제 친유성기가 기름때를 만나면 친수성 부분은 바깥쪽을 향하게 되고 샴푸를 계속 진행하면 계면활성제가 지속적으로 작용하면서 기름때는 계면활성제로 싸여서 하나의 덩어리처럼 된다.

이 때 덩어리의 안쪽은 기름때와 계면활성제의 친유기가 만나서 친유성를 띠게 되지만 바깥부분은 친수성을 띠게 되며 물을 지속적으로 공급하는 헹굼 과정을 진행하면 덩어리가 모발 표면에서 떨어져 나오게 된다.

이 순서를 정리하면 다음과 같다.

① 모발과 두피의 오염물질은 피지, 땀, 비듬, 먼지, 스타일리이 제품 등이 뒤엉킨 기름때이다.
② 샴푸의 계면활성제 친유성기가 기름때와 만나서 안쪽을 친유성으로 만든다.
③ 기름때와 계면활성제가 만든 덩어리를 모발과 두피의 표면에서 떠오르게 만든다.
④ 샴푸를 계속하면 계면활성제가 대량 작용하여 덩어리가 모발과 두피에서 완전히 떨어지며 덩어리 표면은 친수성이 된다.
⑤ 물로 헹구는 과정에서 덩어리가 완전히 씻겨서 떨어진다.

샴푸를 하면 거품이 형성되는데, 거품은 세정력과는 관계가 없으며 거품의 역할은 세정 과정에서 모발과 모발이 마찰이 서로 엉키거나 정전기가 생기는 것을 방지하는 큐션 역할을 하는 것이며, 거품이 풍부한 샴푸를 선호하는 것도 이 이유 때문이다.

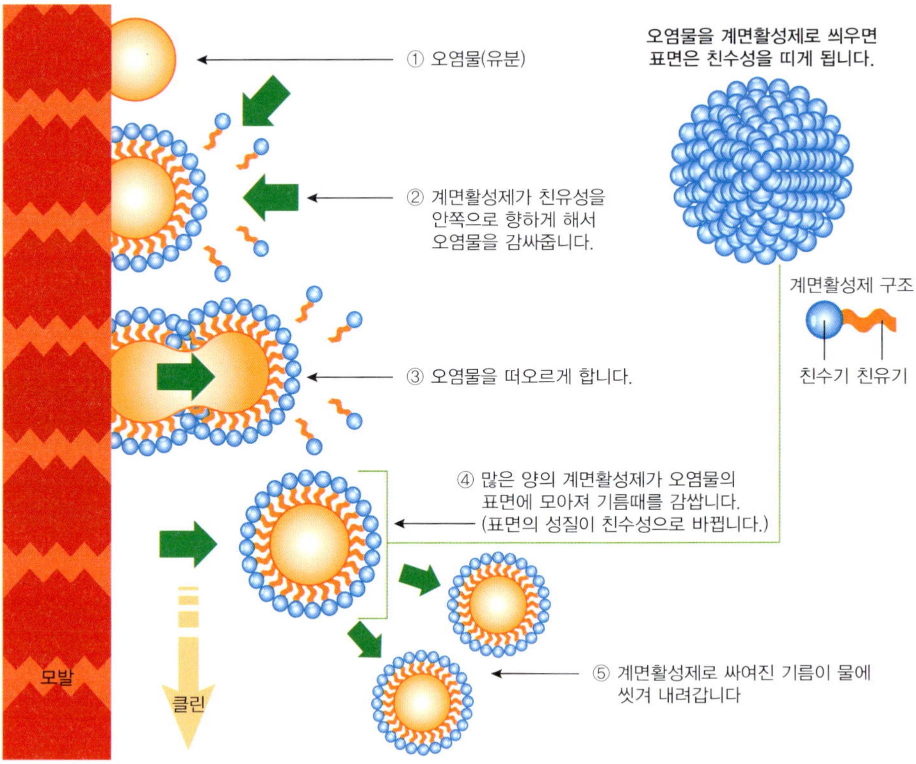

그림 2-2 세정 작용의 원리

3. 샴푸의 기본 동작

일반적으로 샴푸 테크닉은 손바닥을 넓게 사용하여 샴푸 거품을 충분히 만들어 내고 손가락의 지문 부분과 손톱 아래 첫 마디를 사용하여 움직이는 동작을 한다.

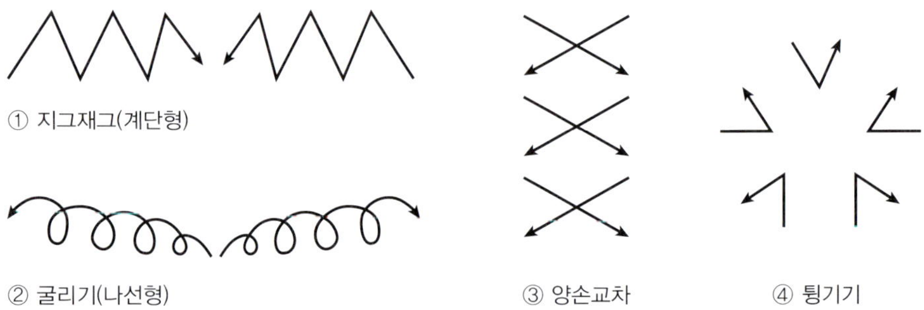

4. 샴푸법의 종류

① **플레인 샴푸**는 세정을 목적으로 진행하는 일반적인 샴푸를 뜻한다.

② **프레 샴푸**는 시술하기 전 두피의 자극이 적고 가볍게 세정하는 샴푸로 두피와 모발 상태의 진단과 모발에 약액침투가 용이하게 한다.

③ **중간 린스**는 퍼머넌트 웨이브 시술시 1제를 세정하는 목적으로 물로만 헹구는 것을 말한다.

④ **애프터 샴푸**는 시술 후 세정하는 샴푸로 시술 종류에 따라 샴푸제를 구분하여 사용한다.

⑤ **좌식 샴푸**는 고객이 샴푸대가 아닌 시술대 의자에 앉아서 진행하는 샴푸로 두피를 마사지하는 효과를 높일 수 있다.

그림 2-3 기기를 사용한 좌식 샴푸

2 린스

'씻어내다' 또는 '헹구다'라는 사전적 의미의 린스(rinse)는 샴푸의 알칼리 성분을 중화하고 모발을 윤기 있고 부드럽게 하여 모발의 정전기를 방지하는 목적으로 사용한다.

일반적으로 린스는 샴푸의 다음 단계에 사용하며 모발의 상태와 종류에 따라 선택하는 것이 효과적이다. 샴푸 후, 린스의 용도로 컨디셔너와 트리트먼트도 사용할 수 있으며 트리트먼트는 헤어 마스크(pack)처럼 사용하거나 두피와 모발에 동시에 사용할 수 있는 제품도 있다.

1. 린스의 성분

린스에는 샴푸 후에 정전기 발생을 억제하고 방지해 주는 양이온 계면활성제와 모발을 물에 헹군 후에도 수분을 함유할 수 있도록 도와 주는 보습제와 유연한 감촉과 광택을 줄 수 있도록 도와주는 유성 성분, 모발 표면에 보호막을 만들어 주는 보호막 형성 성분, 그리고 제품을 안정화 시키기 위해 들어가는 방부제, pH 조절제, 산화방지제, 금속이온봉쇄제, 향료, 색재 등이 있다.

표 2-3 린스의 성분

	성분	작용
정전기방지 성분	양이온 계면활성제	정전기를 방지한다.
컨디셔닝 성분	보습제	모발의 수분이 증발하지 않도록 도와 준다.
	유성 성분	모발에 윤기와 광택을 준다.
	막형성제	모발이 손상되지 않도록 도와 준다.
기타 첨가제 (제품 인정화 성분 등)	방부제	세균 등의 번식으로 인한 제품 부패를 방지한다.
	pH 조절제	제품의 산성도를 유지한다.
	산화방지제	제품이 산화되는 것을 방지한다.
	금속이온봉쇄세	금속이온과 삼푸 성분과의 화학 반응을 방지한다.
	향료	제품의 상품성을 높인다.
	색재	제품의 상품성을 높인다.

2. 린스의 작용

샴푸 후의 젖은 모발은, (−) 마이너스 전기를 띠고 있으며 린스에 함유되어 있는 양이온 계면활성제는 (+) 성질을 지니고 있어서 모발의 (-)이온을 흡착하여 모발표면이 보호되며 모발 사이마다 층이 형성되어 정전지가 방지되며 모발이 엉키지 않고 부드럽게 빗질이 된다.

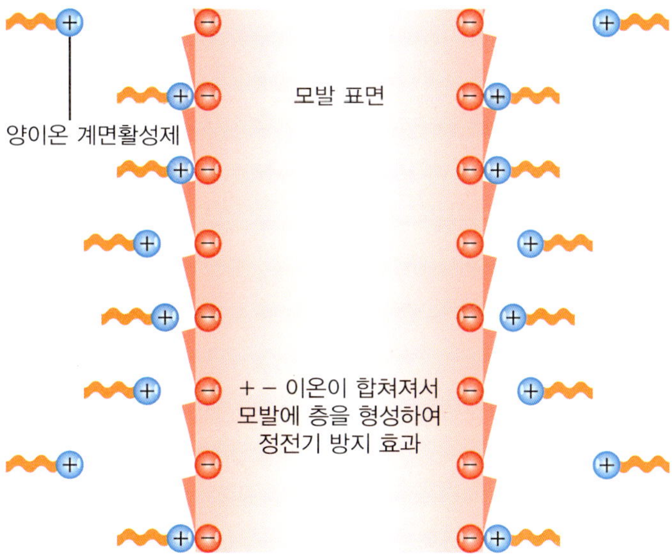

그림 2-4 린스의 작용 원리

3 트리트먼트

모발은 적절하게 관리를 하지 않으면 회복 능력이 없기 때문에 일상 생활 속에서도 손상이 진행될 수 있다. 트리트먼트라는 말은 '치료, 처치, 처리'라는 의미로 트리트먼트 제품은 모발 손상의 진행을 억제 · 방지하고 손상 부위의 보수 및 복구를 위해 사용된다.

트리트먼트와 비슷한 역할을 하는 제품에는 린스와 컨디셔너가 있는데, 이 세 가지의 차이점은 모발 표면에만 작용하는지 모발 내부까지 작용하는지 등의 차이이다.

린스는 샴푸 후에 (–) 전하를 띠는 모발을 양이온 계면활성제를 이용하여 모발 표면의 정전기를 방지하는 목적을 가지고 있는 제품으로 다른 컨디셔닝이나 영양 성분은 많이 함유하고 있지 않다.

그 반면에 트리트먼트는 정전기 방지를 목적으로 사용하는 양이온 계면활성제 외에 모발에 광택과 윤기와 부드러움을 만들어 주는 유성 성분과 영양물질인 아미노산이나 펩티드 등이 고농도로 함유되어 있어서 모발 내부에 침투하여 수분을 유지하고 모발에 탄력을 주는 등 모발의 손상을 복구하는 역할을 한다.

컨디셔너는 린스와 트리트먼트의 중간 정도의 역할을 한다. 샴푸 후에 모발을 부드럽게 만들어서 정전기 방지를 하는 용도로 사용되며, 린스보다 유성성분을 많이 함유하고 있지만 트리트먼트만큼 영양 성분을 고농도로 함유하고 있지 않아서 기능이 약한 트리트먼트 정도로 이해하면 된다.

표 2-4 트리트먼트의 성분

	성분	작용
영양 성분	아미노산 PPT(poly peptide treatment) LPP(L-type poly peptide)	모발에 침투하여 손상된 모발을 보수 및 복구한다.
정전기방지 성분	양이온 계면활성제	정전기를 방지한다.
컨디셔닝 성분	보습제	모발의 수분이 증발하지 않도록 도와 준다.
	유성 성분	모발에 윤기와 광택을 준다.
	막형성제	모발이 손상되지 않도록 도와 준다.
기타 첨가제 (제품 안징화 성분 등)	방부제	세균 등의 번식으로 인한 제품 부패를 방지한다.
	pH 조절제	제품의 산성도를 유지한다.
	산화방지제	제품이 산화되는 것을 방지한다.
	금속이온봉쇄제	금속이온과 샴푸 성분과의 화학 반응을 방지한다.
	향료	제품의 상품성을 높인다.
	색재	제품의 상품성을 높인다.

그림 2-5 트리트먼트 모발관리

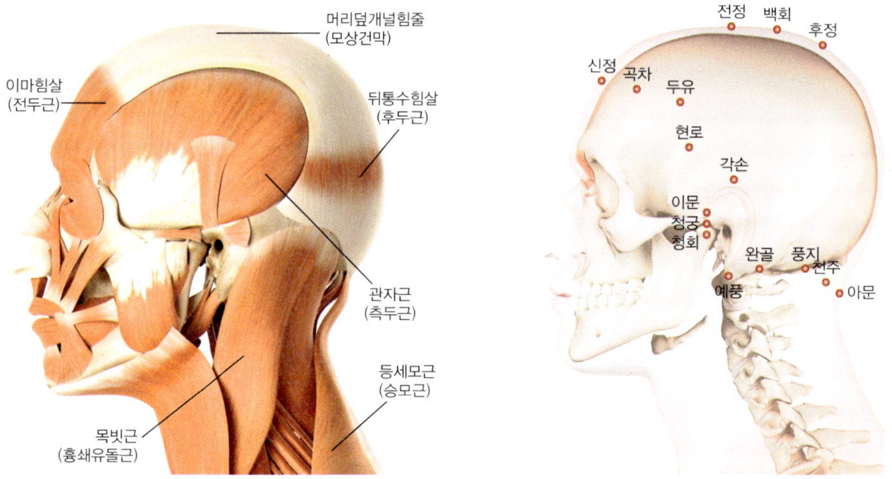

그림 2-6 두상의 주요 근육과 경혈

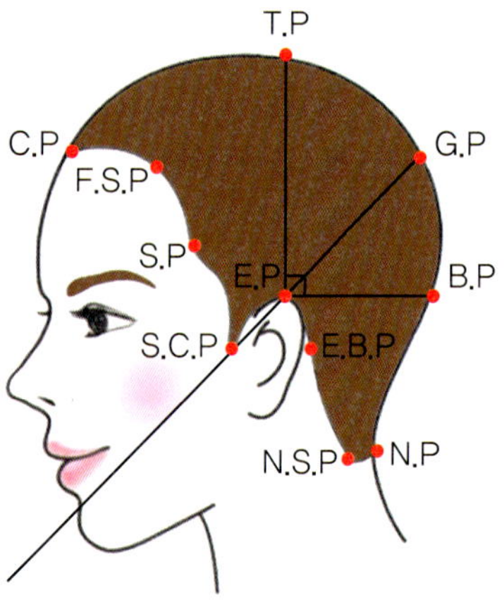

No.	기호	명칭
1	E.P	이어포인트 (ear point)
2	C.P	센터포인트 (center point)
3	T.P	탑 포인트 (top point)
4	G.P	골든 포인트 (golden point)
5	B.P	백 포인트 (back point)
6	N.P	네이프 포인트 (nape point)
7	F.S.P	프론트 사이드 포인트 (front side point)
8	S.P	사이드 포인트 (side point)
9	S.C.P	사이드 코너 포인트 (side corner point)
10	E.B.P	이어 백 포인트 (ear back point)
11	N.S.P	네이프 사이드 포인트 (nape side point)

그림 2-7 두상의 주요 포인트와 분할선

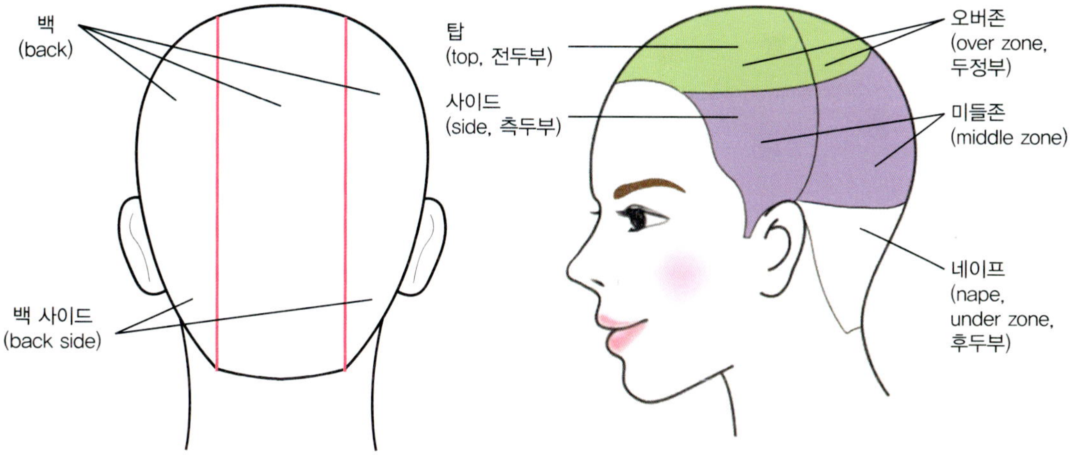

그림 2-8 테크닉 구사를 위한 두상 분할과 명칭 통일

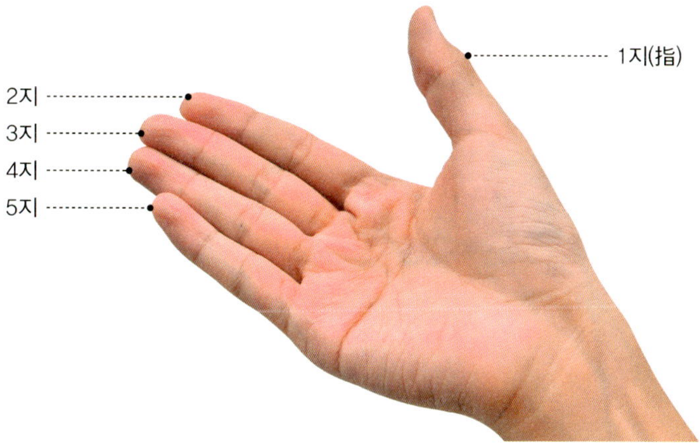

그림 2-9 테크닉 구사를 위한 손가락 명칭 통일

4. 실전 릴렉싱 샴푸와 린스

1. 샴푸대 준비

그림 2-10 샴푸와 린스 제품과 샴푸실

2. 고객맞이와 안내

부드럽고 자연스러운 안내 멘트를 사용하여 고객에게 가운 서비스를 하고 샴푸실로 안내하도록 한다.

(1) 고객 가운 서비스

"고객님 안녕하세요. 샴푸 서비스 진행해 드릴 홍길동입니다."

▶ 고객과 눈을 맞추며 인사한다.
고객에게 신뢰를 주고 책임감 있는 시술을 하기 위해 이름을 밝힌다.

"가운을 착용해 드리겠습니다."

▶ 멘트와 함께 가운을 입혀 준다.
소극적인 자세보다는 미소와 함께 밝은 표정으로 안내하는 것이 좋다.
이때 고객과의 위치는 반걸음 앞의 대각선이 적당하다.

(2) 샴푸실 안내

"샴푸실로 안내해 드리겠습니다."

▶ 샴푸대 방향을 가리키며 멘트를 한다.
▶ 고객보다 2~3발자국 앞장서 걸으며 안내한다.

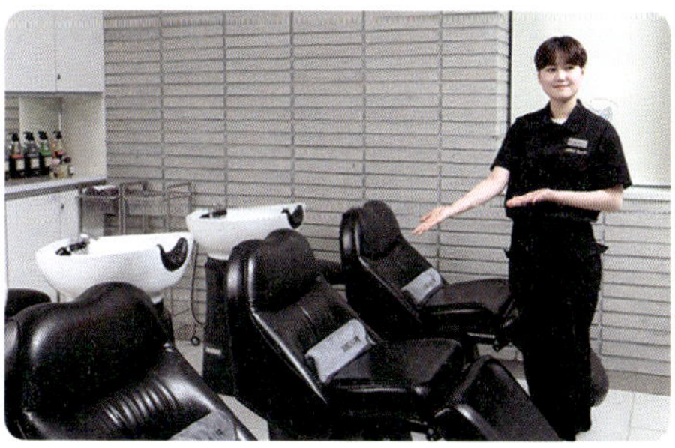

"(샴푸대를 가리키며) 이쪽 샴푸대에 앉으시면 됩니다."

▶ 샴푸실 입장 후, 앉을 자리를 정확하게 안내한다.

(3) 샴푸대 고객준비

"담요 덮어 드리겠습니다."

▶ 편안히 계실 수 있도록 담요를 가슴 높이까지 덮어 드린다.
고객의 체온을 유지하고 심리적 안정을 주기위해 담요 서비스를 한다.

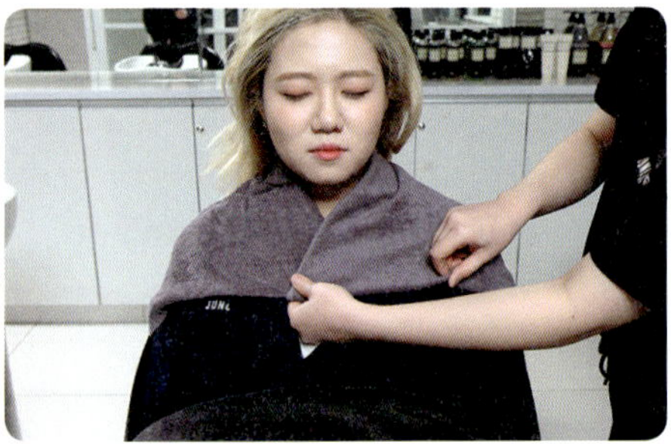

"어깨타월을 해드리겠습니다."

▶ 안내 멘트 후 어깨타월을 받친다.
피부와 피부가 맞닿는 것을 최소화 하여 거부감이 들지 않도록 한다.

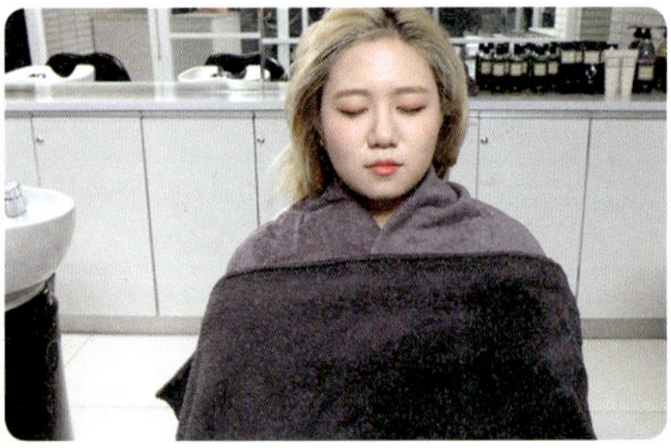

▶ 옷이 젖지 않도록 깔끔하게 접어서 타월을 받친다.

"샴푸대 올리겠습니다. 뒤로 편안히 누우시면 됩니다."
▶ 샴푸대를 올리기 전, 안내 멘트를 하고 머리카락을 정돈한다.
▶ 샴푸대에 완전히 누울 때까지 목을 받친다.

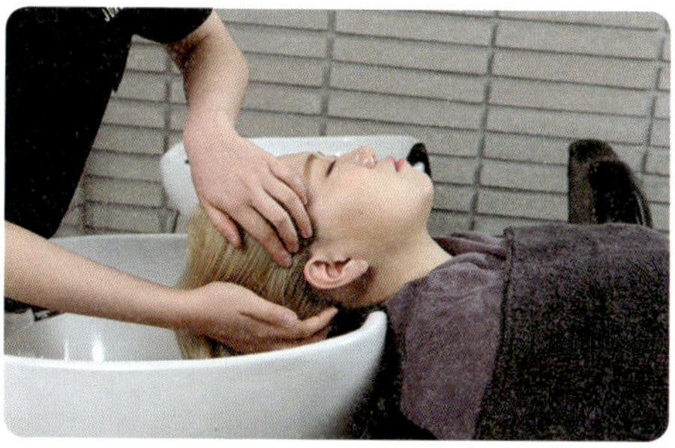

"불편한 곳이 있으면 말씀해 주세요."

▶ 샴푸대에 완전히 누우면 고객의 상황을 확인한다. 이때 옆에서 바라본 모습이 지면과 평행한 상태가 가장 편안하다.

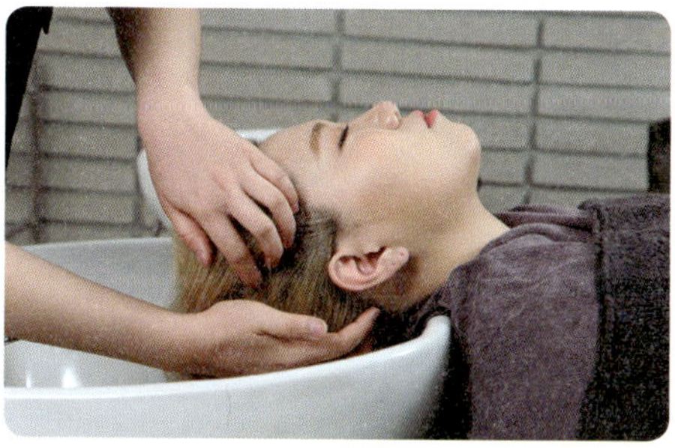

▶ 귀와 목 주변의 머리카락을 정돈한다.

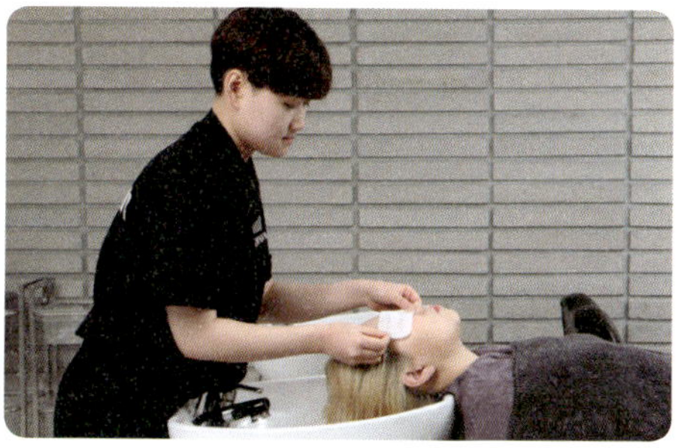

"아이커버 올려 드리겠습니다."

▶ 멘트와 함께 아이커버를 올린다.

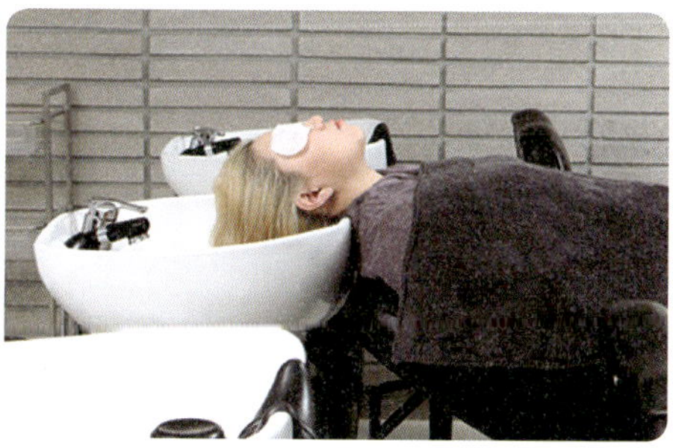

▶ 어깨 타월, 담요, 아이커버까지 잘 정돈되어 있는 모습

3. 샴푸하기

(1) 물주기

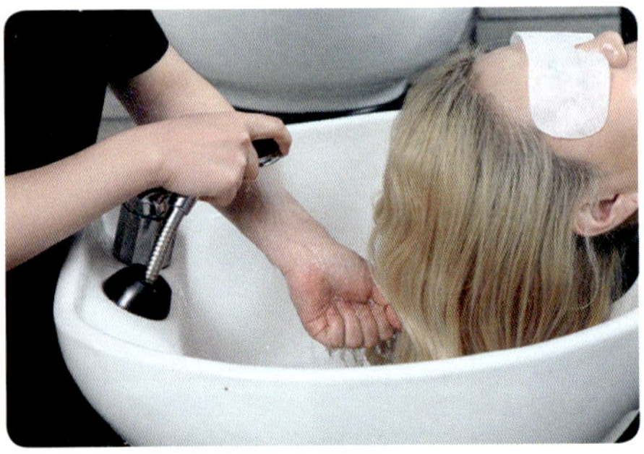

▶ 물 주기 전 반드시 손목으로 물 온도를 체크한다. 손바닥은 감각이 무디기 때문에 두피와 가장 비슷한 온도를 느낄 수 있는 손목으로 온도를 체크한다.
헹굼 시의 물 온도는 35~38℃가 적절.

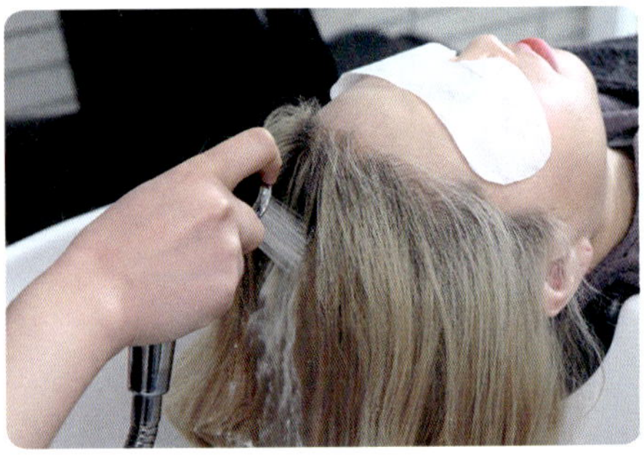

"물 온도 괜찮으세요?"

▶ 정수리에 물을 주고 고객이 수온을 느낄 수 있도록 2~3초 후에 온도에 대해 묻는다.

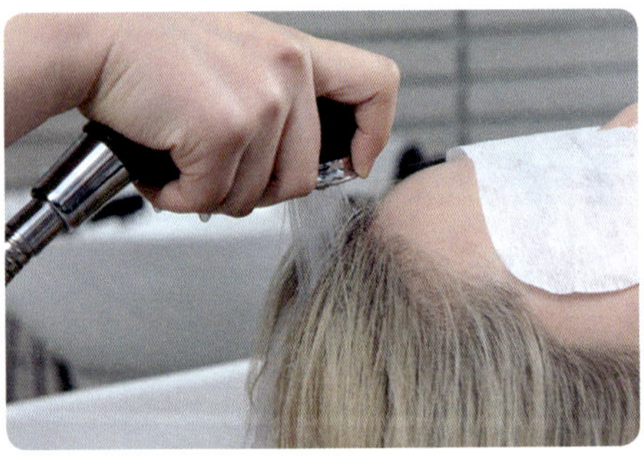

▶ C.P를 시작으로 이마뼈 → 관자뼈 쪽으로 헤어라인을 따라 모발을 적셔 준다. 헤어라인을 먼저 적셔 주면 얼굴에 물이 튀거나 메이크업이 지워지는 위험을 줄일 수 있다.

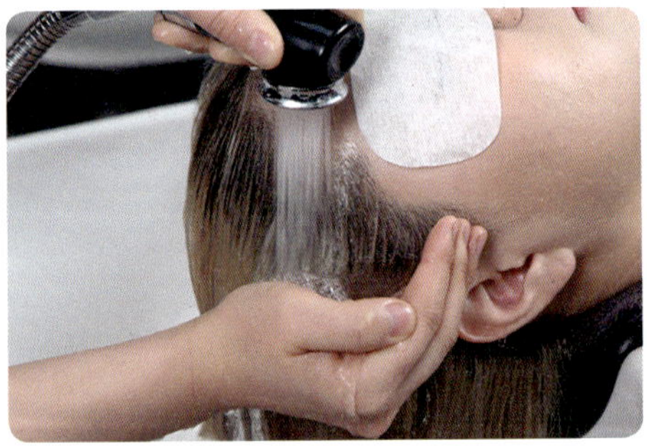

▶ 귀 부분에 물이 들어가지 않도록 손으로 물 흐름을 막아 주면서 두피까지 충분히 적신다.

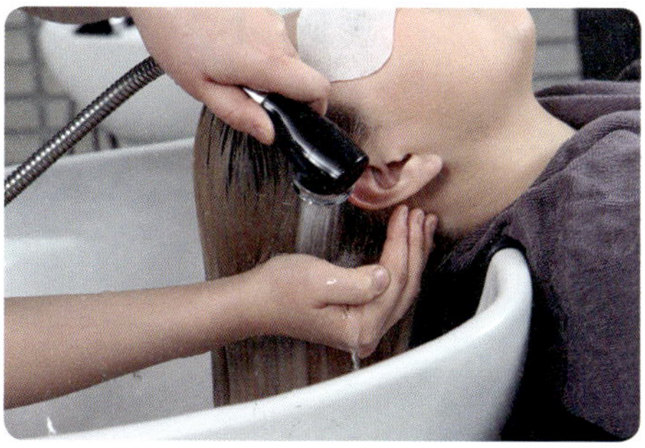

▶ 귀 뒤쪽까지 꼼꼼히 적신다.

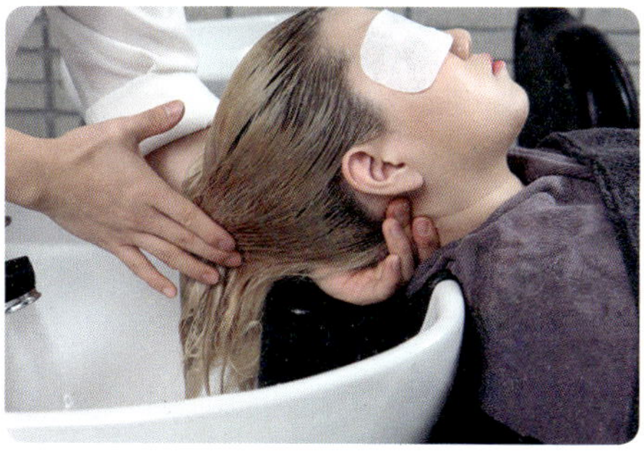

▶ 네이프 부분에 물을 줄 때는 한손으로 목을 안정적으로 받쳐주고 물을 준다.

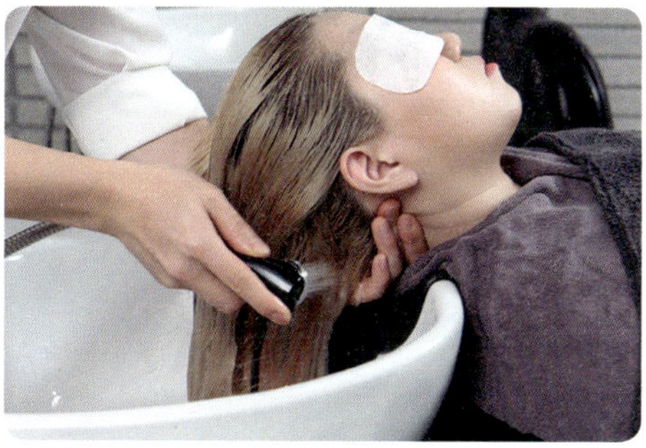

▶ 목을 받치고 있는 손바닥을 향해 물을 준다.

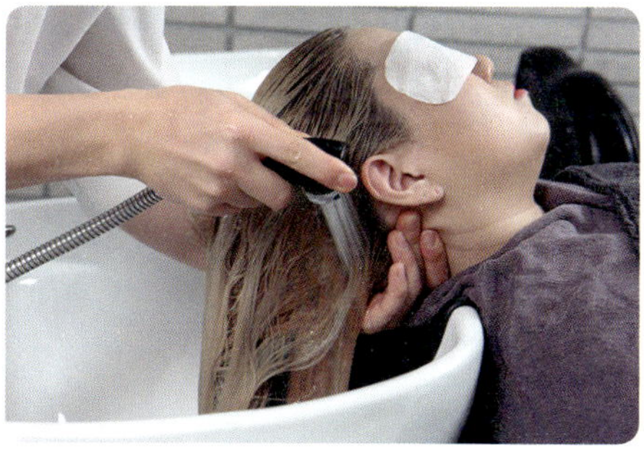

▶ 네이프 부분에 물이 충분히 적셔질 수 있도록 넉넉히 도포한다.

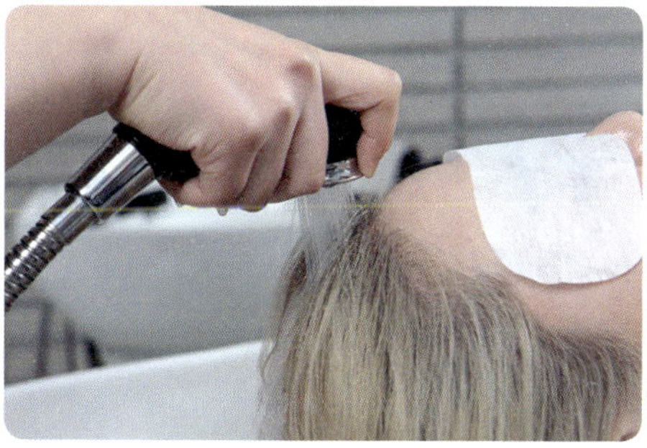

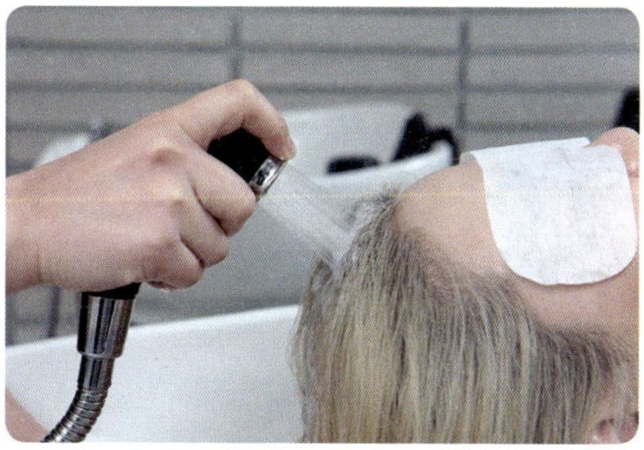

▶ 샤워 호수의 방향이 항상 내 몸쪽으로 향할 수 있도록 한다.

– 샤워 호수 방향의 올바른 예

– 샤워 호수 방향의 잘못된 예

(2) 샴푸제 도포

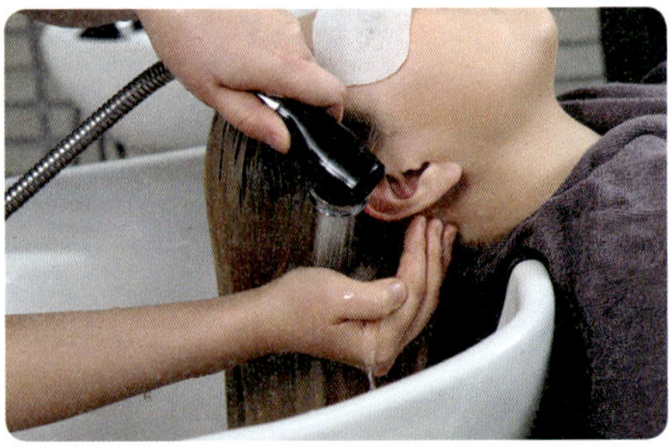

▶ 귀 뒤쪽까지 꼼꼼히 적신다.

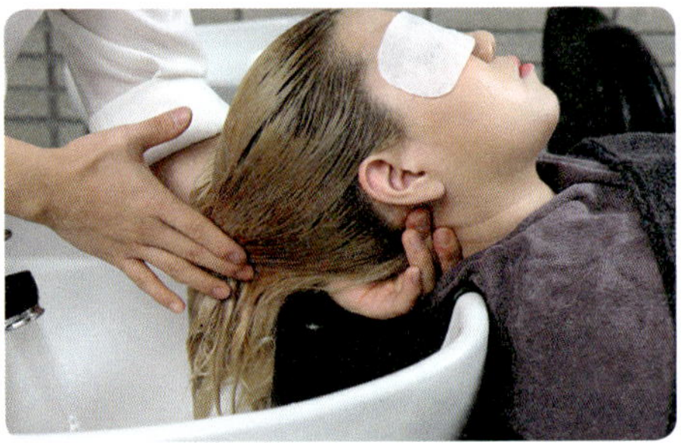

▶ 네이프 부분에 물을 줄 때는 한 손으로 목을 안정적으로 받쳐 주고 물을 준다.

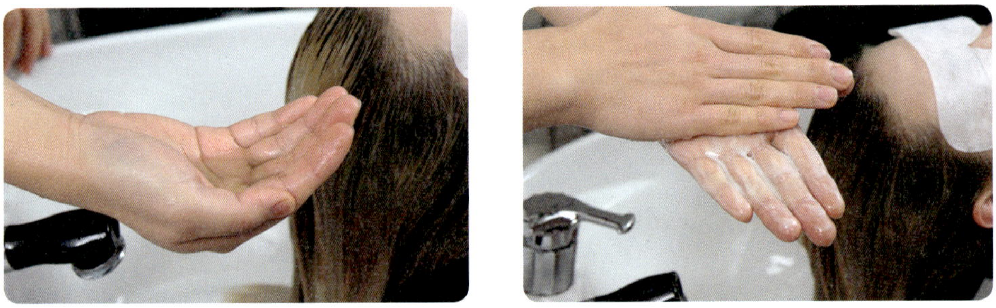

▶ 도포전, 손바닥 체온으로 샴푸의 온도를 높이고 사용한다.

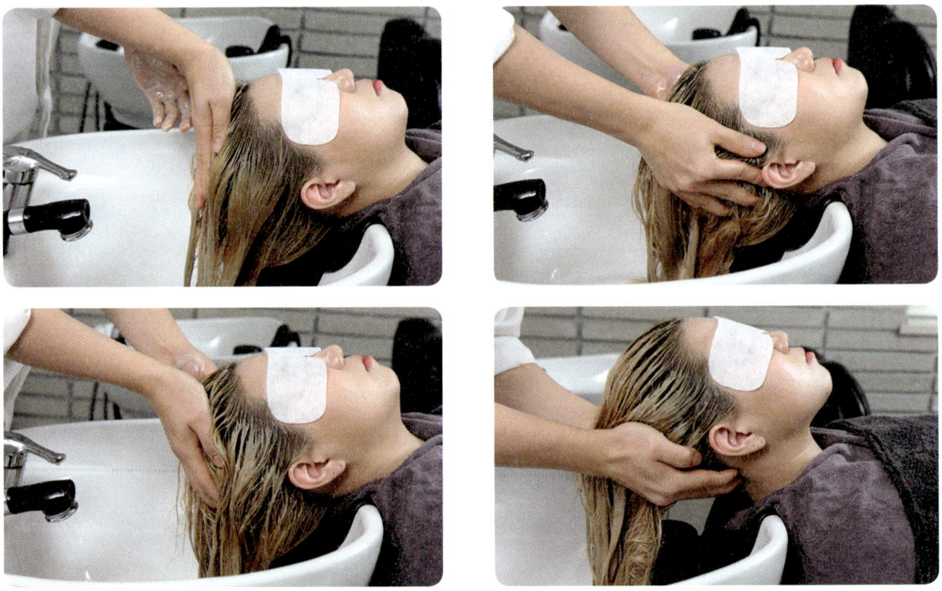

▶ 적당량의 샴푸를 두피에 도포한다. 이때, 샴푸를 두피 가까이 도포한다.

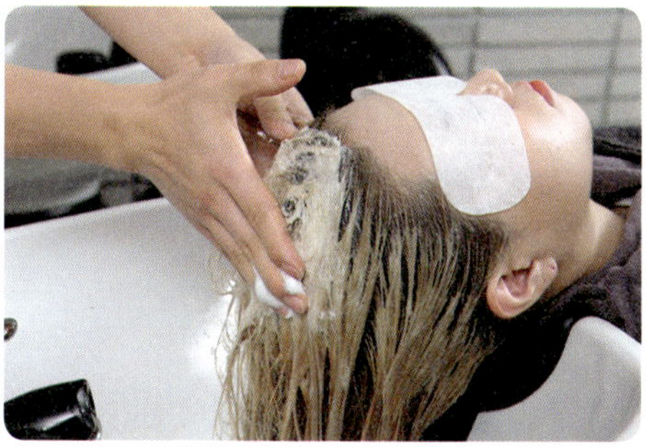

▶ 거품이 잘 나도록 두피를 문지른다.

▶ 전체적으로 마사지하듯 부드럽게 거품을 만들어 준다.

▶ 거품이 충분히 나지 않을 경우에는 물을 가볍게 적셔 준다.

(3) 릴렉싱 샴푸 테크닉

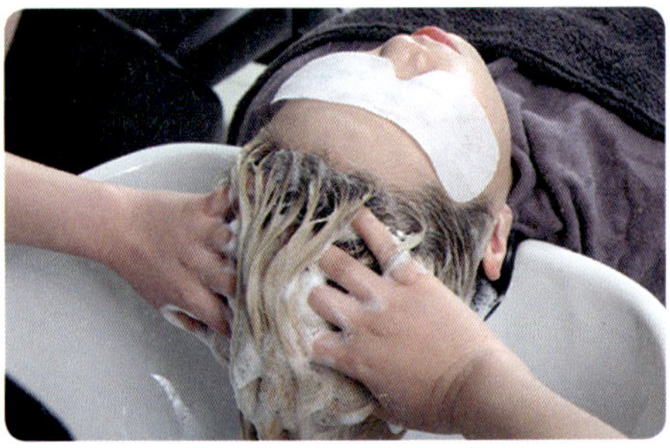
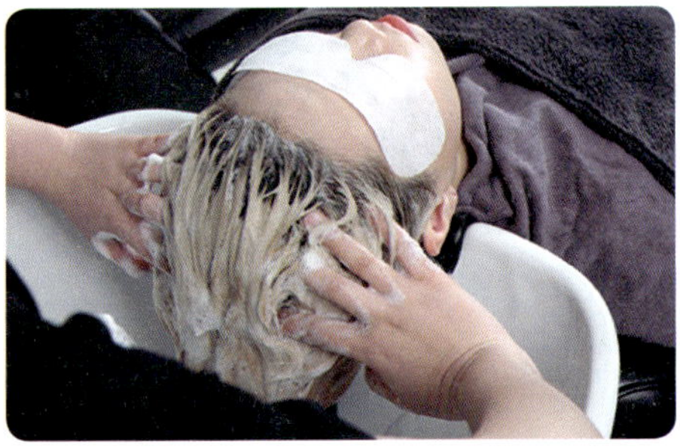
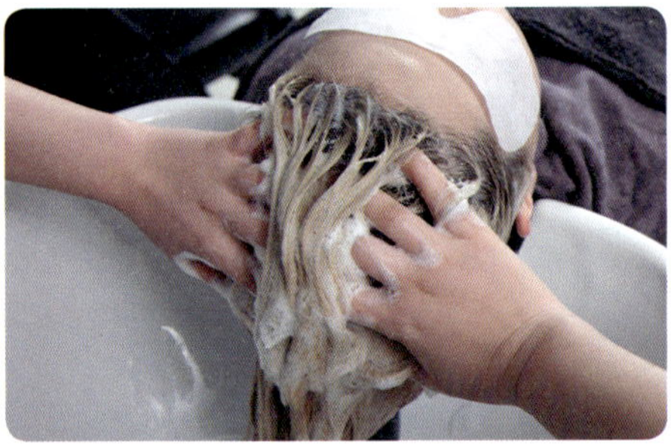
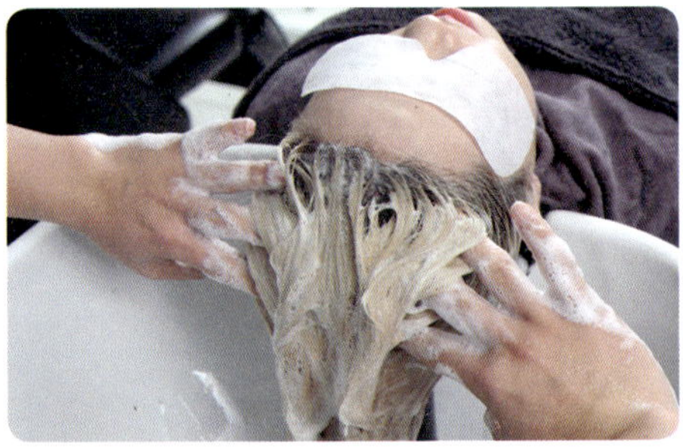

▶ 양쪽 손가락을 교차시켜 정수리 부분을 깨끗이 씻어 준다.
이때 지문을 사용해 두피를 문지르고, 머리카락이 엉키지 않도록 주의한다.
테크닉 동작 반경이 좁지 않도록 유의한다.

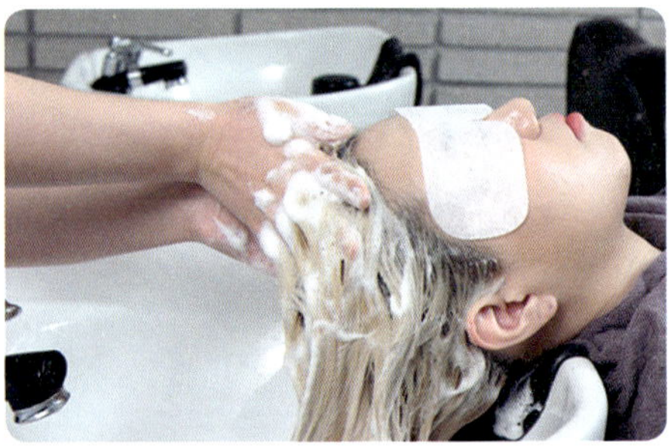

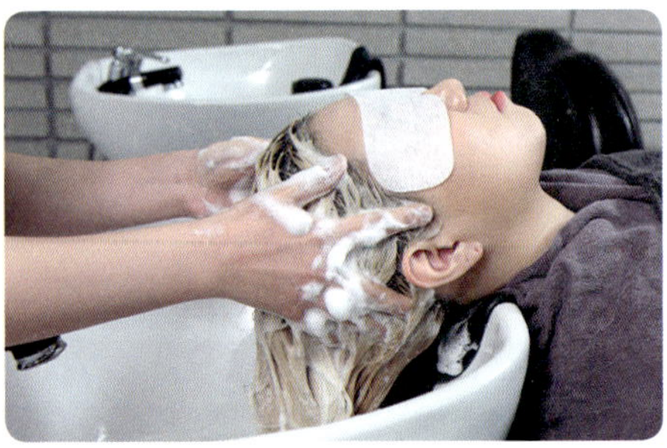

▶ 직전 동작과 연결하여 양 사이드 부분을 손바닥과 손가락 전체를 이용하여 세정한다.
테크닉 시 두상의 형태를 고려하여 손의 움직임을 굴리며 테크닉한다.
머리카락이 엉켜서 당기지 않도록 주의한다.

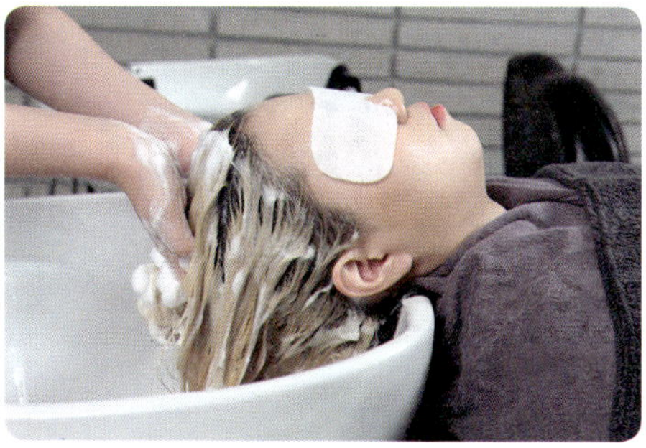

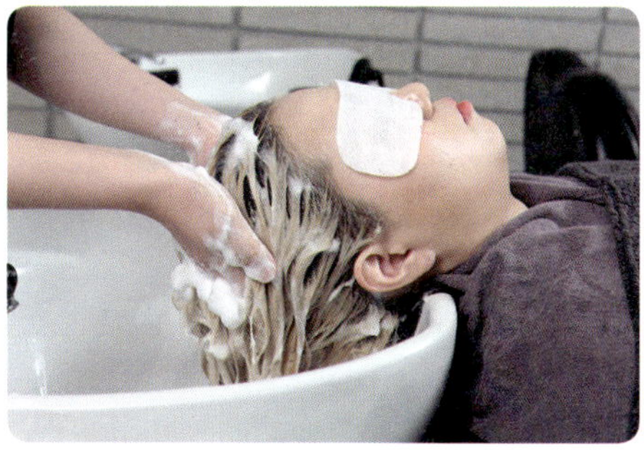

▶ 동일한 테크닉으로 Top - G.P 부분을 세정한다.

▶ 머리를 한쪽으로 돌려놓고 네이프 부분을 세정한다.

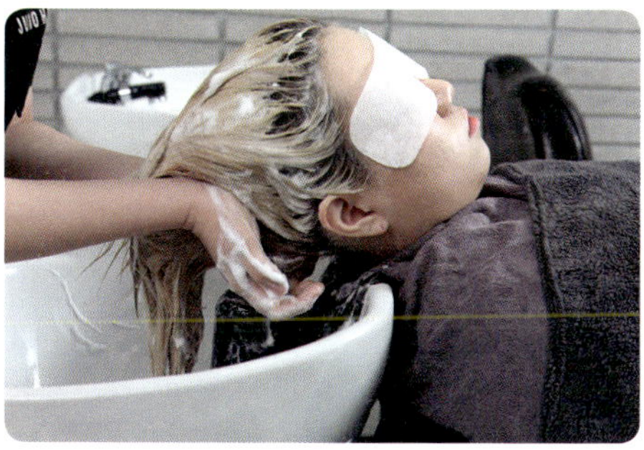

▶ 네이프 테크닉 전에 손바닥으로 머리를 안정적으로 들어 준다.

▶ 양쪽 손바닥으로 두상을 안정감 있게 받친 상태에서 손가락을 차례대로 굴려 주며 네이프 부분을 세정한다.

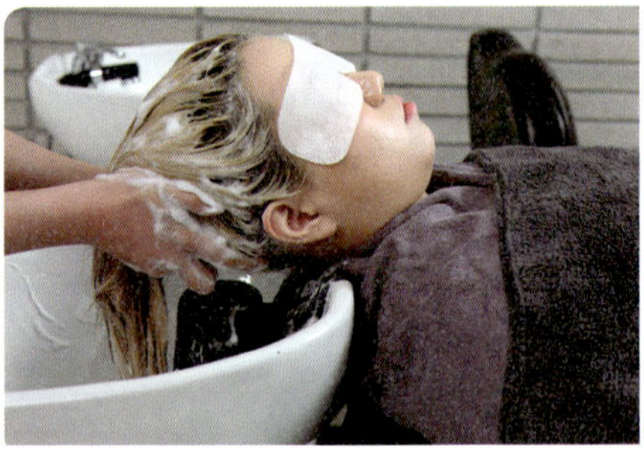

▶ B.P 쪽으로 올라가며 동작을 반복한다.

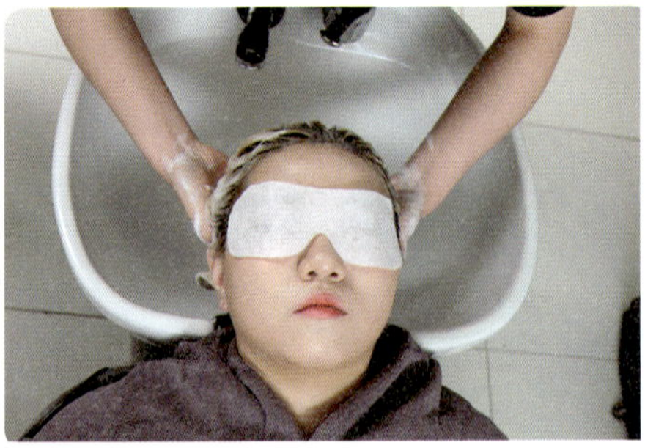

▶ B.P에서 T.P 쪽으로 올라오며 손가락을 교차하며 후두부를 세정한다.

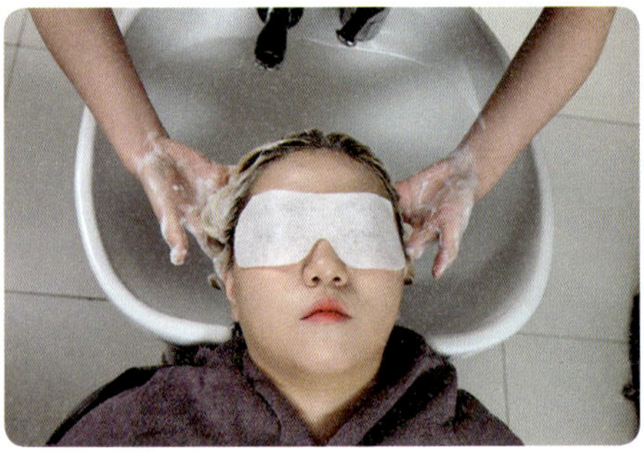

▶ 테크닉을 반복하며 백부분을 세정한다.

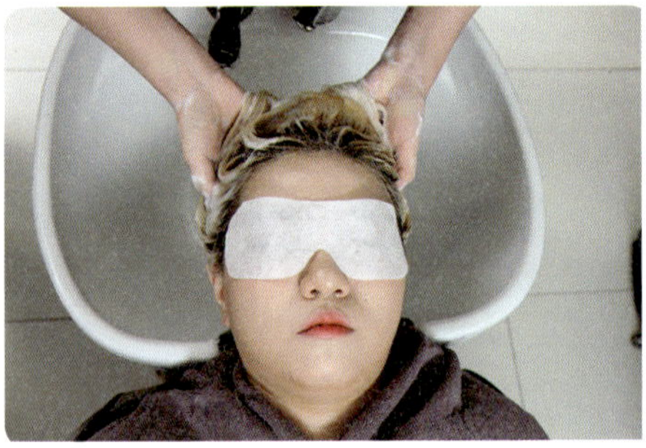

▶ 머리 무게만으로도 충분한 압과 세정이 가능하므로 손에 힘을 주어 테크닉 하지 않는다.

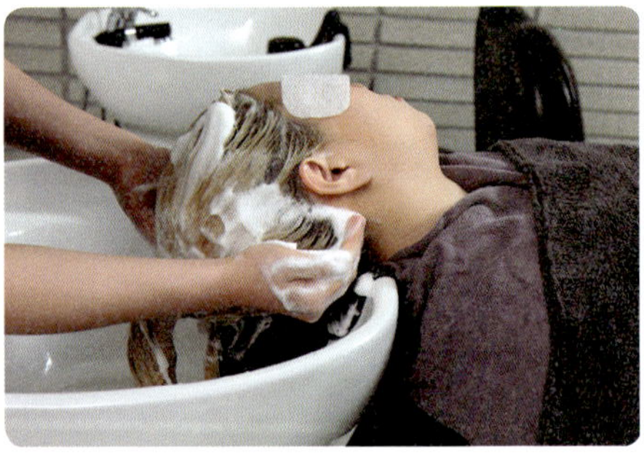

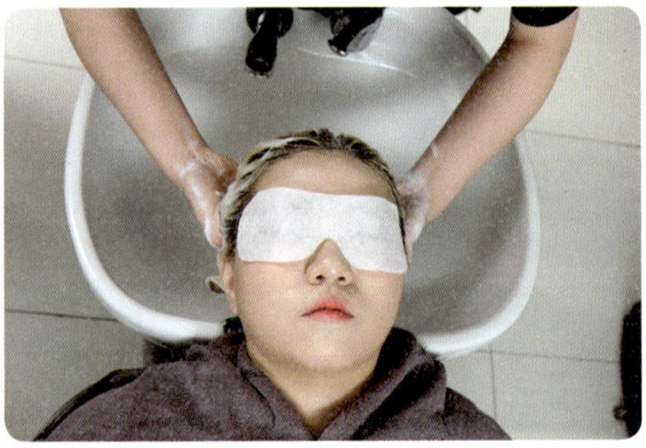

▶ 테크닉 후 목 부분에 거품이 많이 묻어 있으므로 말끔히 닦아 낸다.

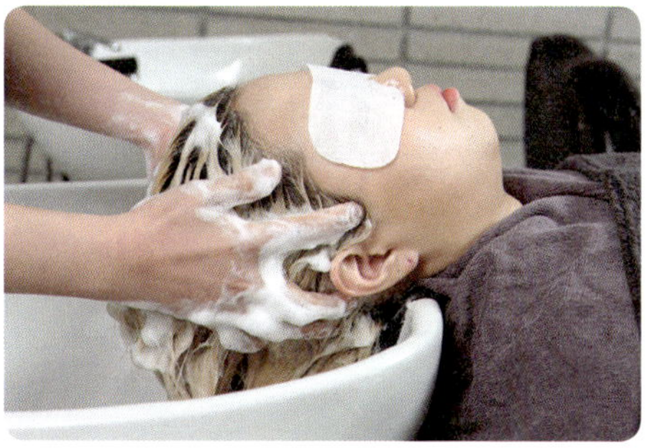

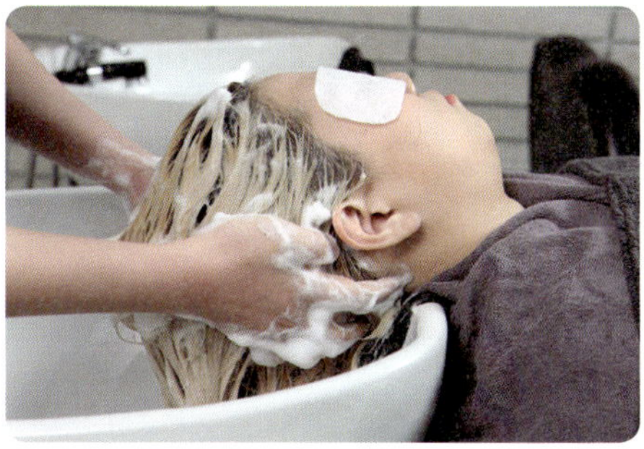

▶ 테크닉 완료 후 구렛나루, 귀 뒤, 정수리 등 손이 잘 가지 않는 사각지대를 한 번씩 더 체크하여 빠진 부분이 없도록 한다.

▶ 전체적인 모발을 한곳으로 쓸면서 정리하고 테크닉을 마무리한다. 머리카락을 아프게 되지 않도록 부드럽게 당겨 준다.

4. 트리트먼트 하기

(1) 트리트먼트 도포

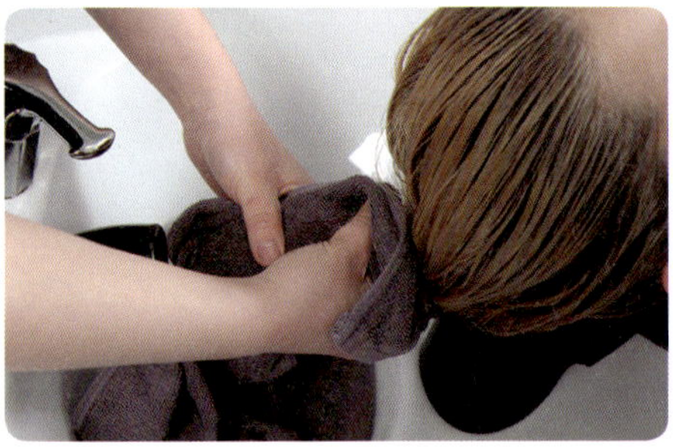

"트리트먼트 전에 물기 먼저 닦아 드리겠습니다."

▶ 트리트먼트 제품 도포 전, 효과적인 흡수를 위해 물기를 닦아 낸다.
이때 물리적 데미지를 받기 쉬운 상태이기 때문에 머리카락을 비틀거나 짜내지 않는다.

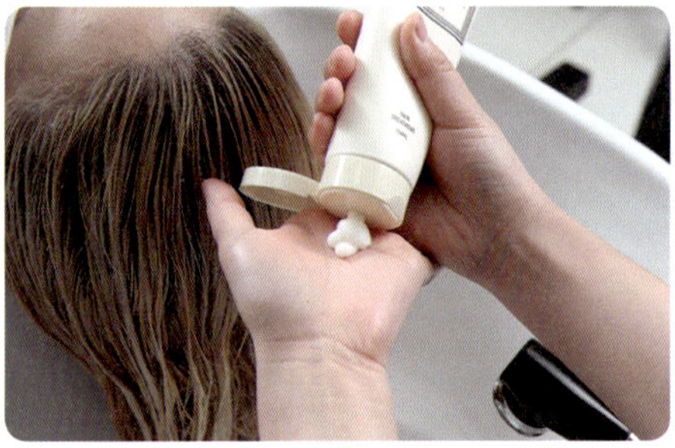

▶ 트리트먼트 제품을 적당량 덜어 낸다.

"트리트먼트를 도포하겠습니다."

▶ 끝 모발부터 도포한다.
손상 많고 영양이 많이 필요한 부분부터 도포한다.

▶ 머리카락을 나누어 골고루 발라 준다.
트리트먼트 제품 도포 후 손빗질을 해주면 흡수율이 좋아진다.

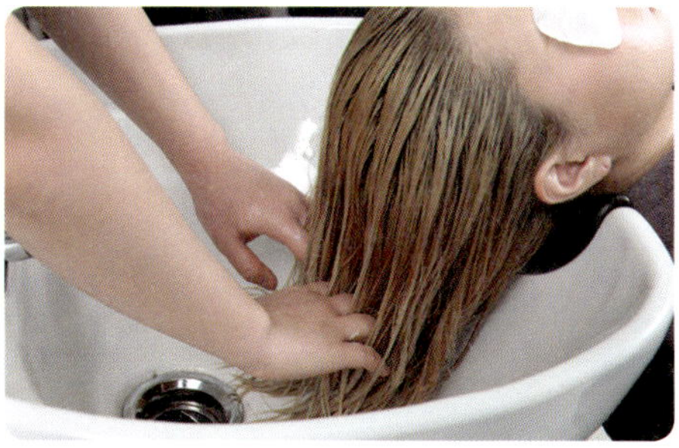

▶ 트리트먼트 제품 도포가 끝나면 머리카락을 한 곳으로 가지런히 정리한다.

(2) 릴렉싱 지압 테크닉

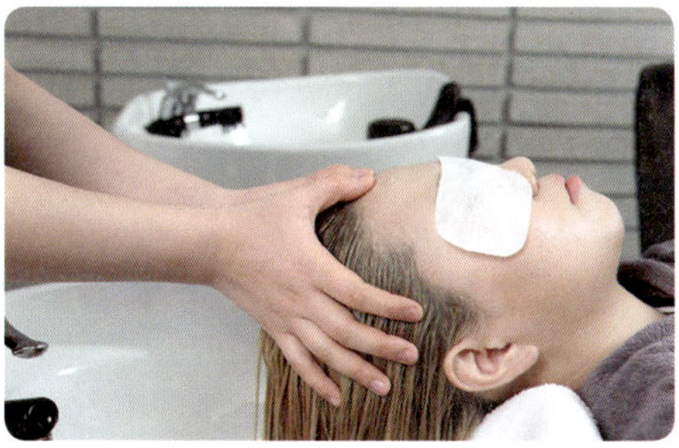

"지압해 드리겠습니다. 혹시 아프면 말씀해 주세요"

▶ 신정에서 지압을 시작한다.
첫 지압 후, 세기가 괜찮은지를 확인한다.

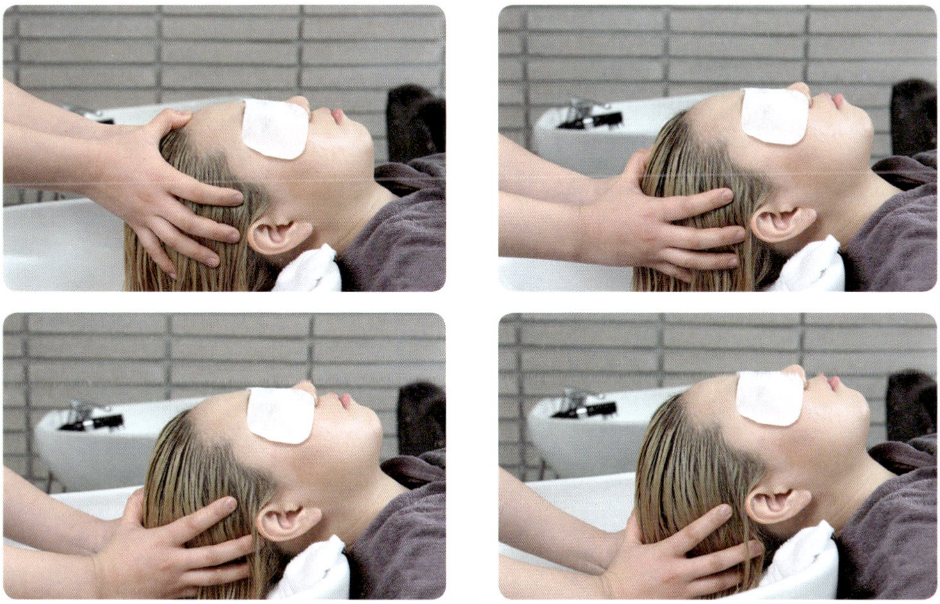

▶ (지압점) 신정에서 백회 방향으로 지압한다.

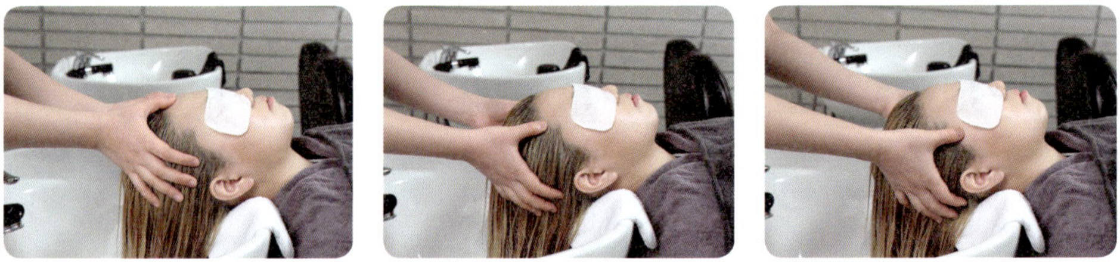

▶ 다시 신정 지압점에서 시작해서 헤어라인 따라 내려가며 지압한다.

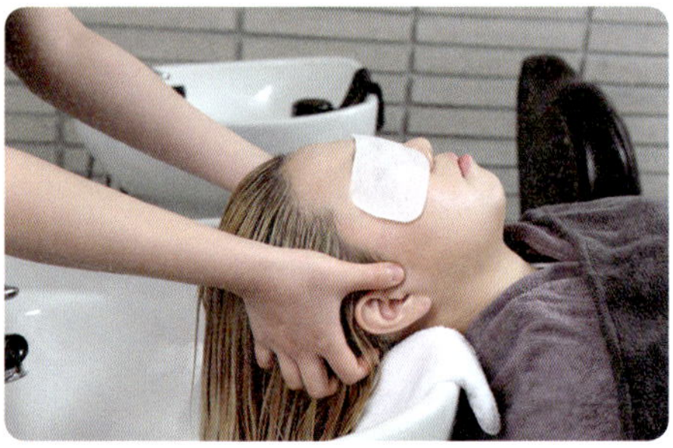

▶ 동작을 귀 앞까지 연결해 1지로 지압한다.

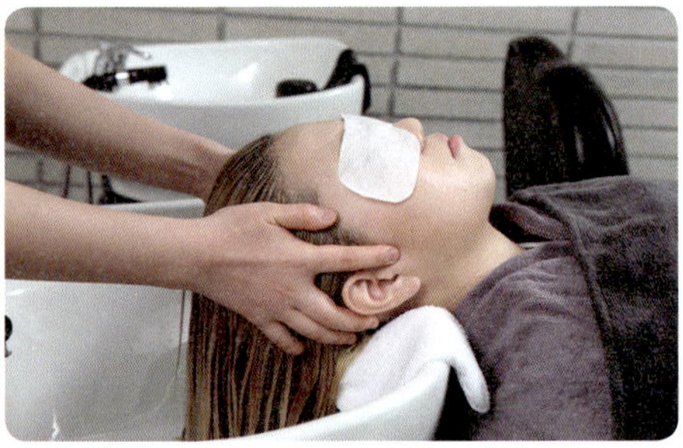

▶ 2지로 바꿔 귀 라인을 따라 지압한다.

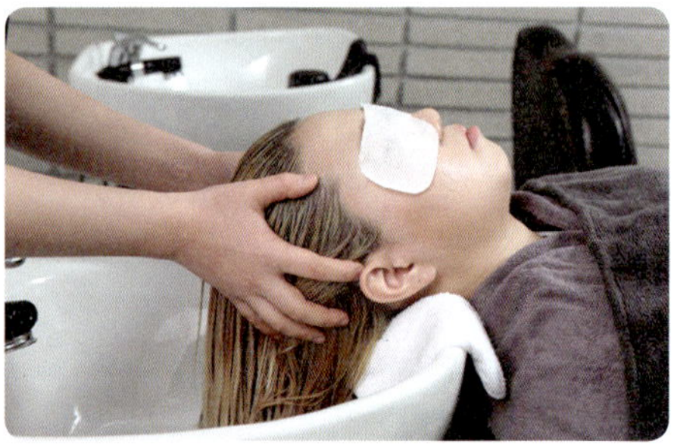

▶ 귀 뒷 라인으로 넘어가는 과정.
각손 지압점을 지압해 준다.

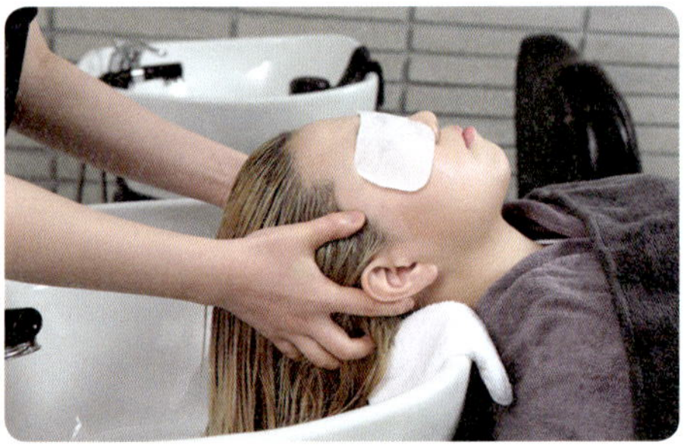

▶ 각손 지압점과 연결 동작으로 귀 뒤 지압점 (완골)을 지압해 준다..

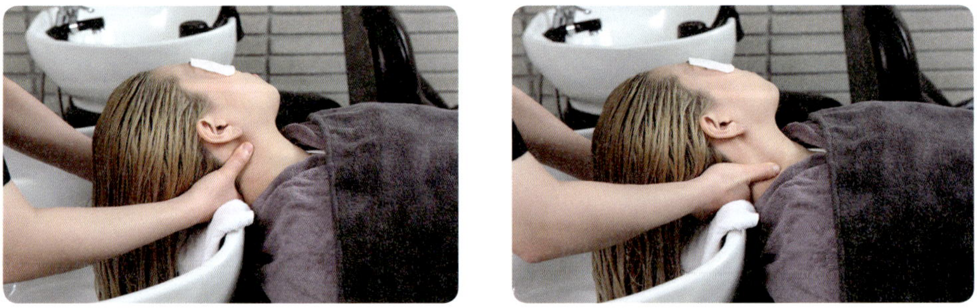

▶ 손바닥으로 목을 편안히 받치고 얼굴을 반대편으로 젖힌다.
▶ 1지를 이용해 목선 따라 올라오는 목빗근(충쇄유돌근)을 마사지한다.

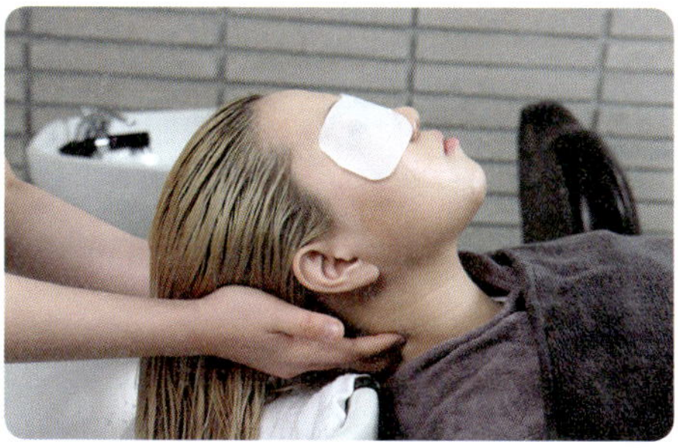

▶ 2지와 3지를 이용해 목선 따라 올라오는 근육을 지압해 준다.

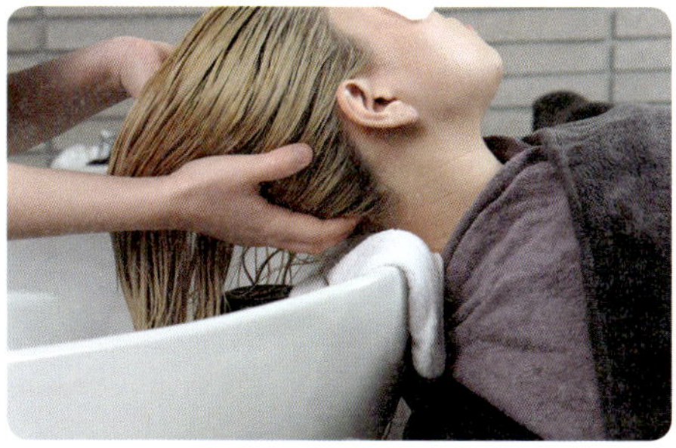

▶ 3지를 이용해서 아문을 지압한다.

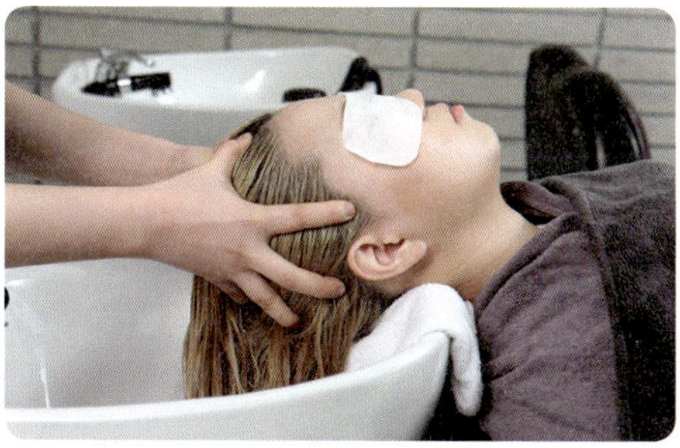

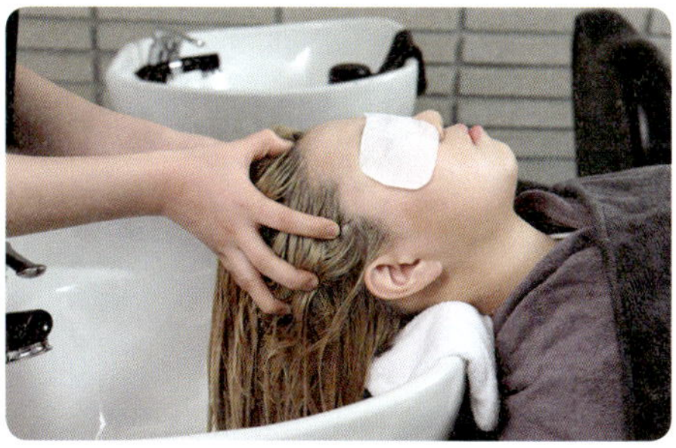

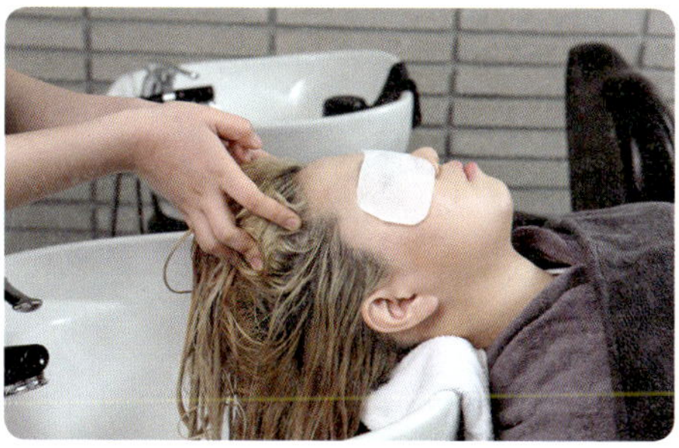

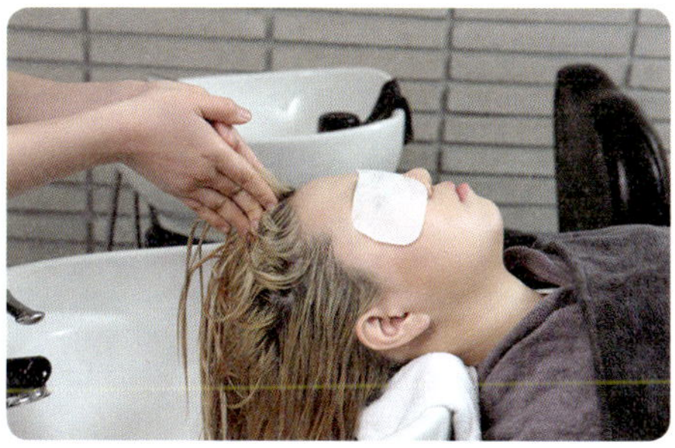

▶ 손가락을 펼쳐 두상을 넓게 잡고 전체적으로 지압한다.
▶ 위쪽으로 올라오며 지압해 주고 범위를 좁혀 준다.

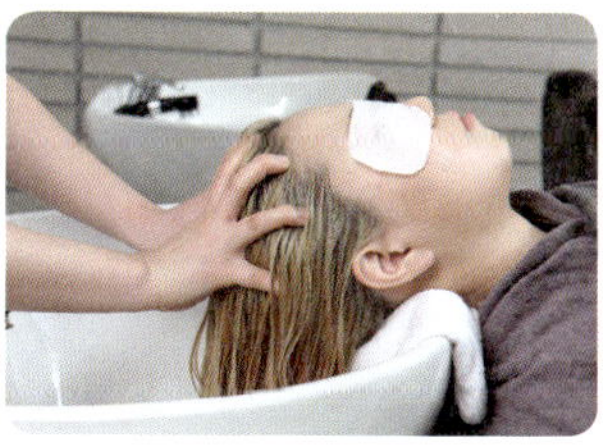

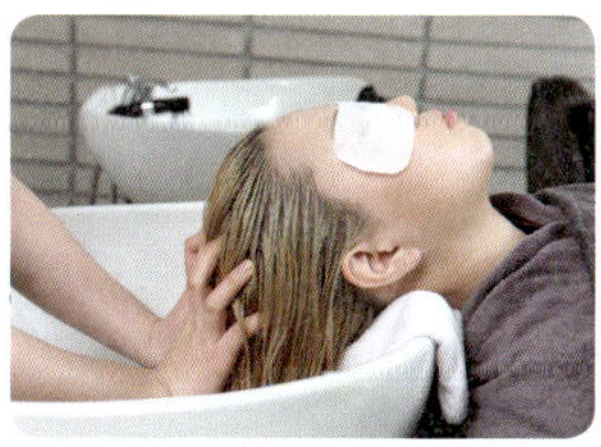

▶ 손가락의 모양을 바꿔 다시 한 번 전체를 지압한다.
▶ 아래로 내려가며 지압해 주며 마무리한다.

5. 마무리하기

(1) 헹구기

▶ 헹굼 전, 손목으로 물 온도를 다시 체크한다.

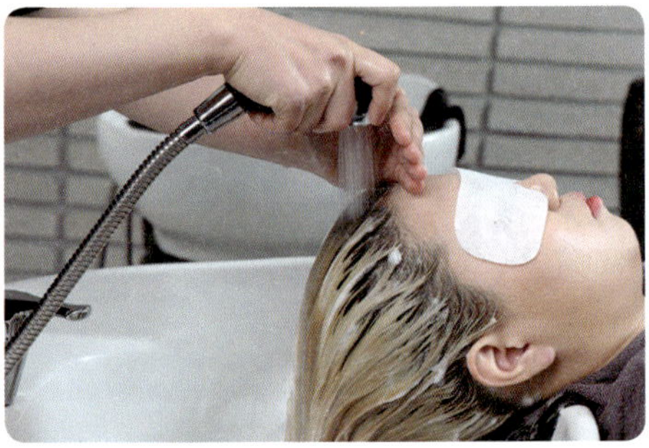

▶ C.P 부터 세척을 시작한다.

▶ 샤워호수 방향에 주의하고 손으로 얼굴을 보호하며 세척한다.

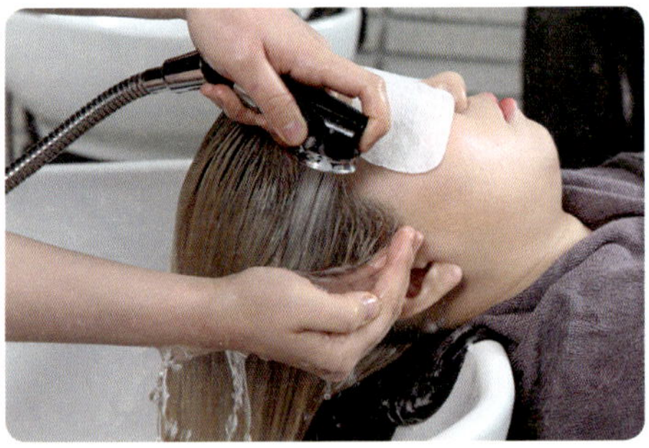

▶ 귀에 물이 들어가지 않도록 주의하며 세척한다.

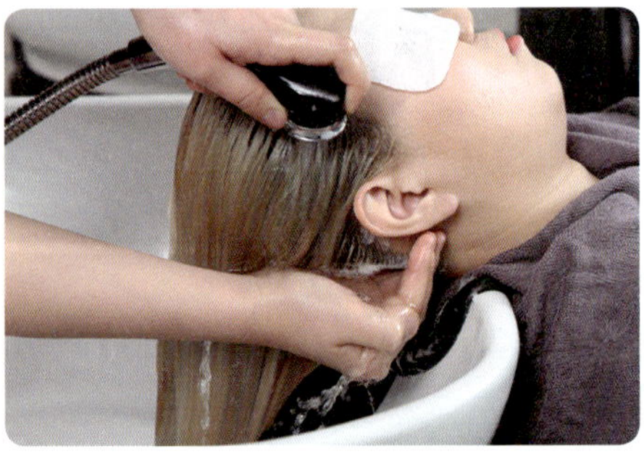

▶ 귀 뒤쪽도 손바닥에 물을 받아 깔끔하게 세척한다.

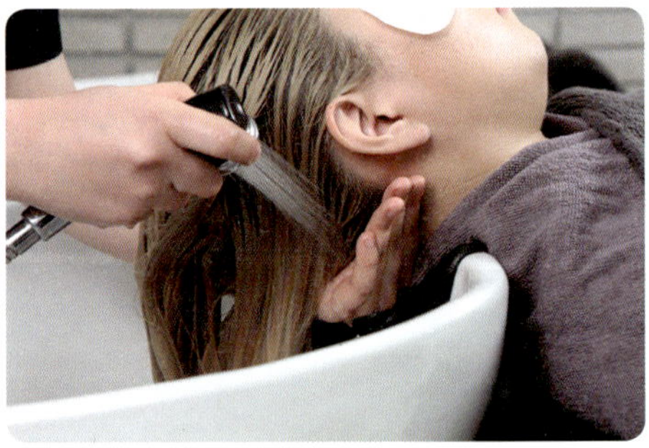

▶ 손가락으로 두피를 문지르며 세척한다.

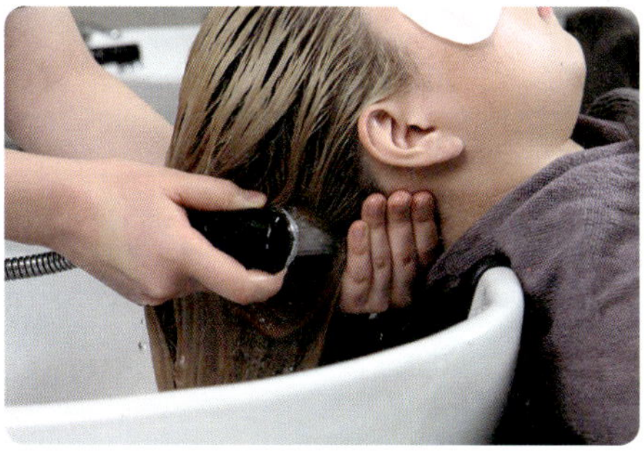

▶ 네이프 세척 시 물이 세어나가지 않도록 한 손으로 잘 받치고 손바닥에 물을 준다.

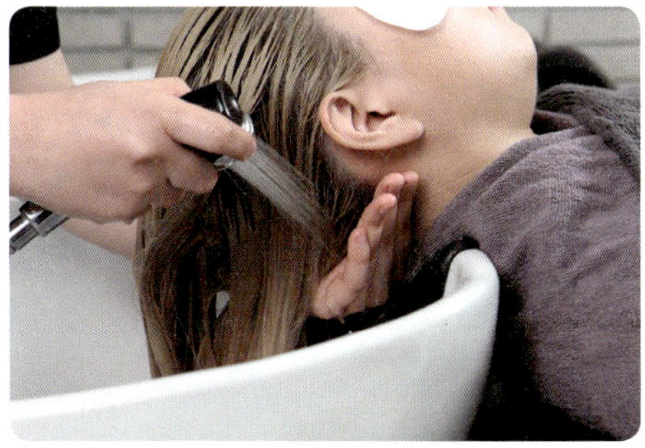

▶ 네이프 부분을 잘 헹구기 위해 손바닥에 물을 충분히 받아 준다.

▶ 헤어라인이나 이어라인 등 피부를 닦아 주기 위해 손을 다시 따뜻하게 데운다.

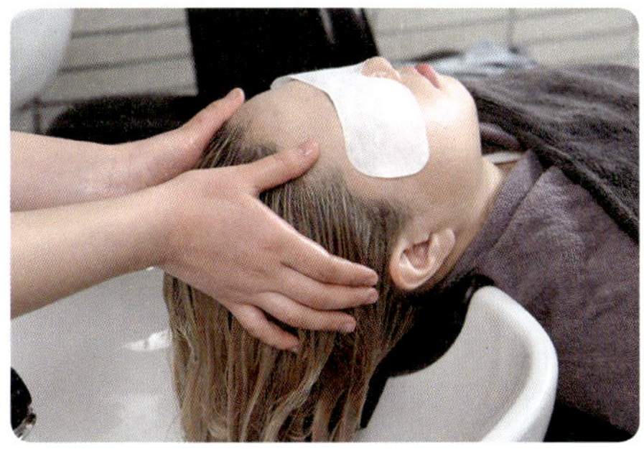

▶ 따뜻하게 데운 손으로 샴푸거품이 남지 않도록 헤어라인을 닦아 준다.

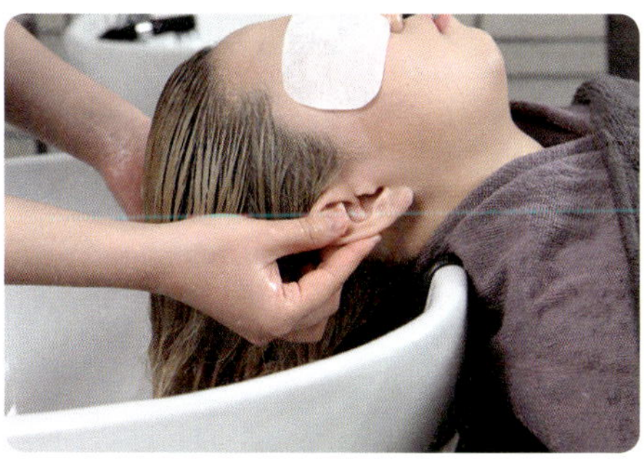

▶ 물, 거품이 남기 쉬운 이어라인도 한 번 더 닦아 준다.

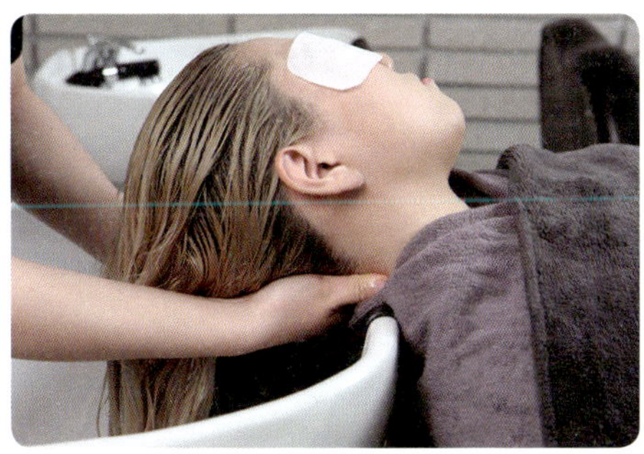

▶ 마지막으로 네이프라인을 깔끔하게 닦으며 마무리한다.

(2) 타월드라이

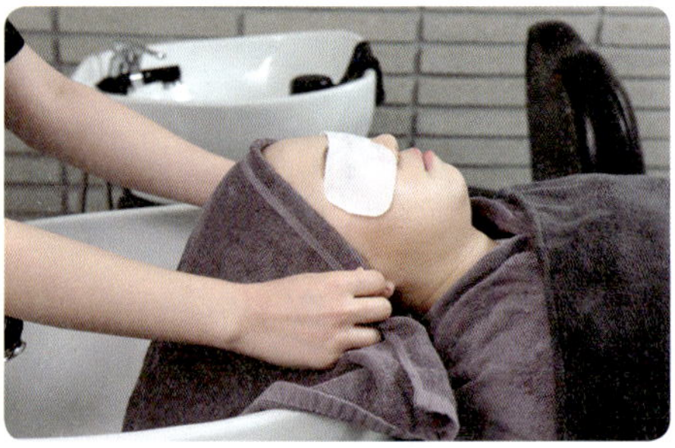

▶ 타월로 헤어라인을 먼저 감싸 준다.

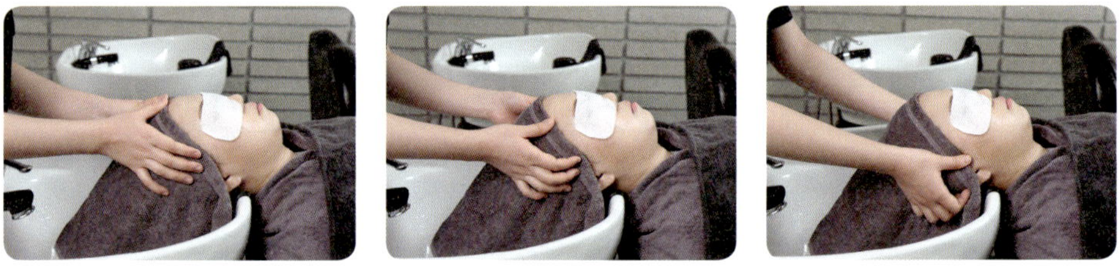

▶ 손가락으로 헤어라인을 눌러 물기를 흡수한다. 메이크업이 지워질 수 있으니 문지르지 않는다.

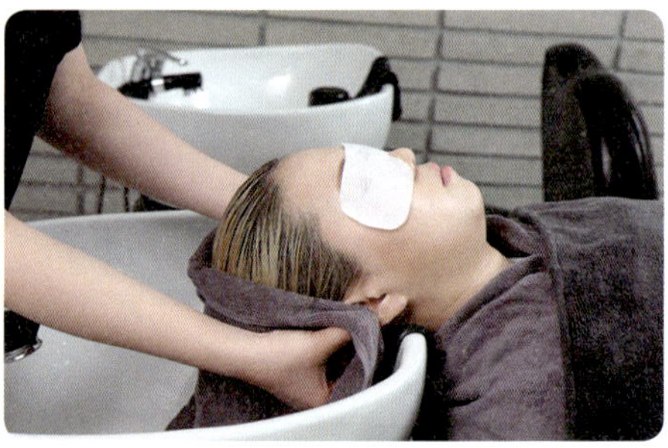

▶ 귓바퀴 닦아 준다. 물이 고여 있을 수 있기 때문에 잘 체크한다.

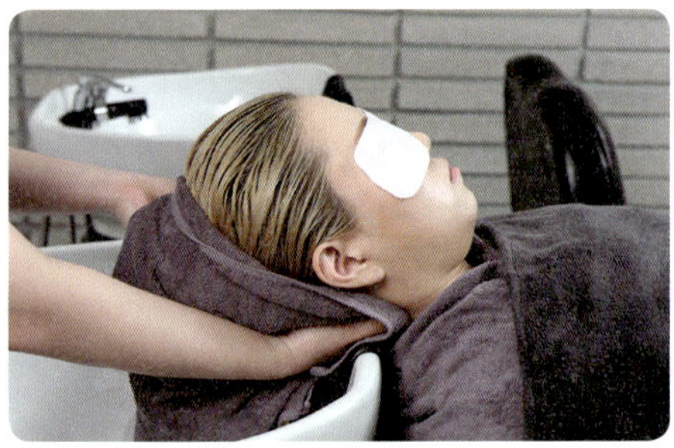

▶ 마사지, 헹굼 시 물이 닿았던 목 까지 깔끔하게 닦아 준다.

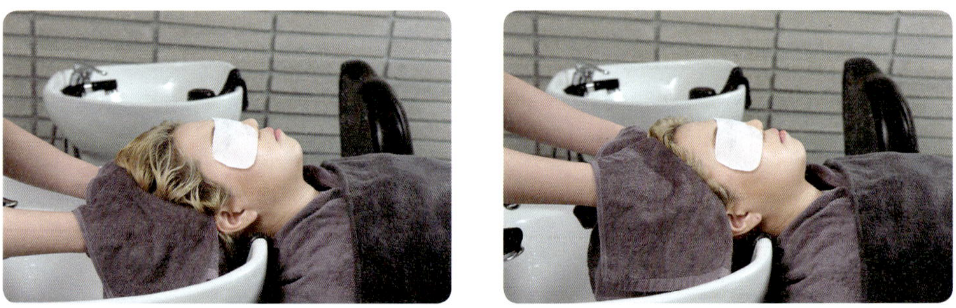

▶ 수건을 펼쳐 손으로 감싸고 두피에서 1~2cm 여유두고 머리카락을 닦아 준다.
▶ 머리카락이 당길 수 있으므로 주의한다.

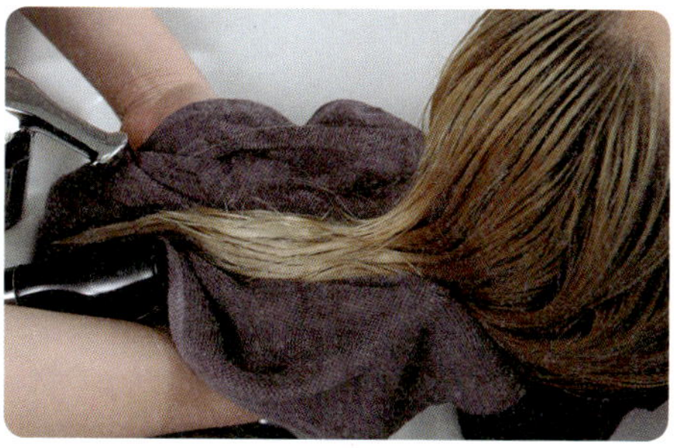

▶ 헤어라인, 두피를 닦고 난 뒤에 머리카락을 닦아 준다.

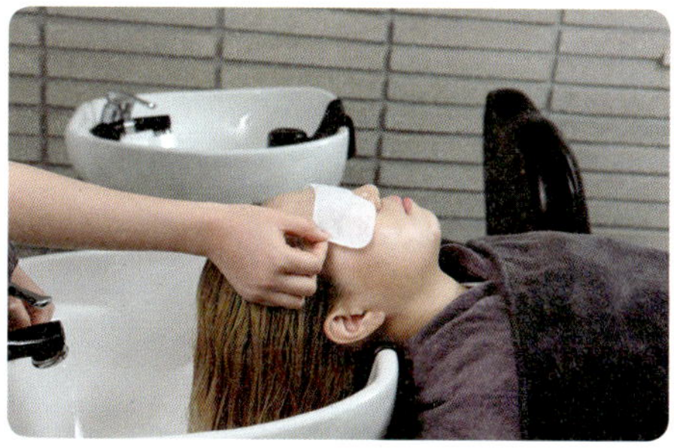

▶ 아이커버를 제거한다.

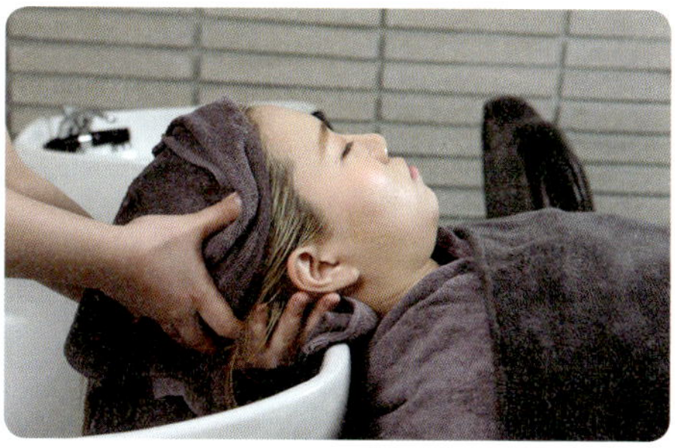

▶ 완전히 일어날 때까지 목을 받쳐 준다.

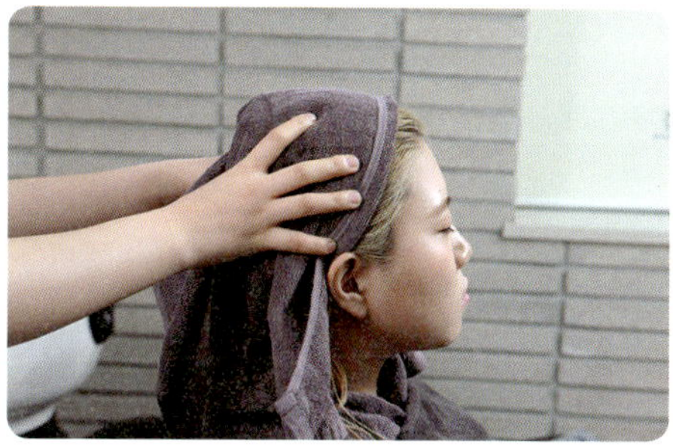

▶ 남은 물기와 없는지 체크하며 두피부터 다시 한번 닦아 준다.

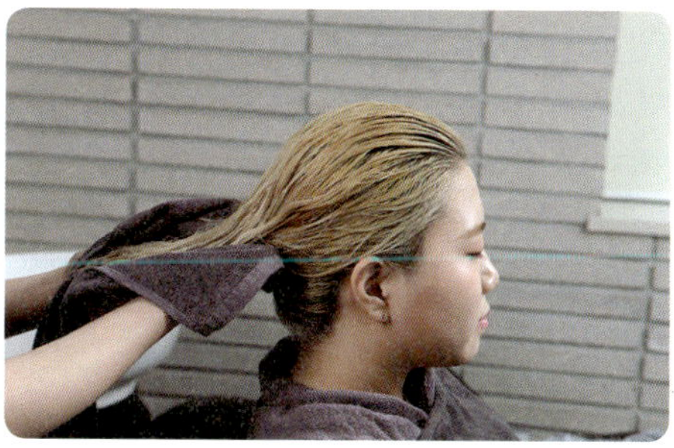

▶ 두피를 다 닦고 머리카락을 닦아 준다.

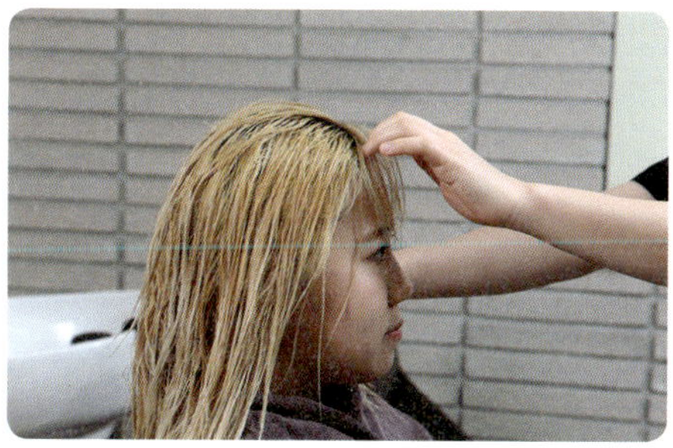

▶ 시술대로 안내하기 전, 모발을 정리한다.

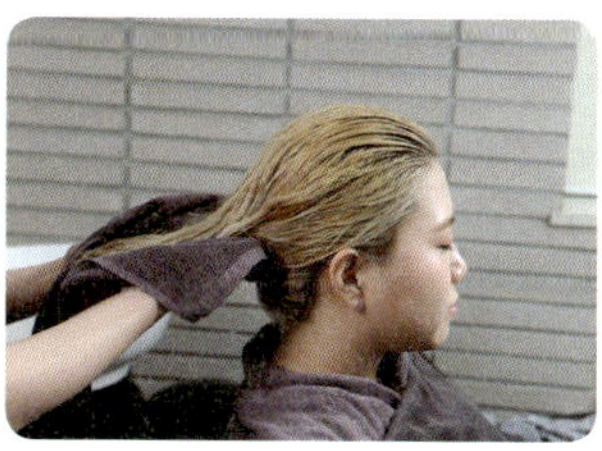

▶ 수건 매듭이 필요할 시 수건으로 머리카락을 감싸서 정리한다.

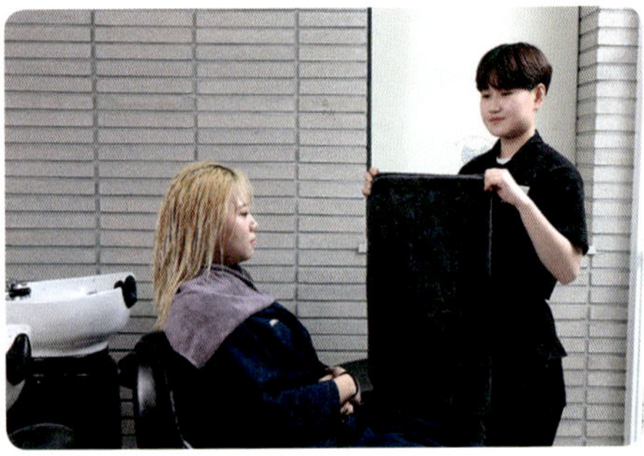

▶ 샴푸실 사용 후 사용한 물품들을 정리한다.

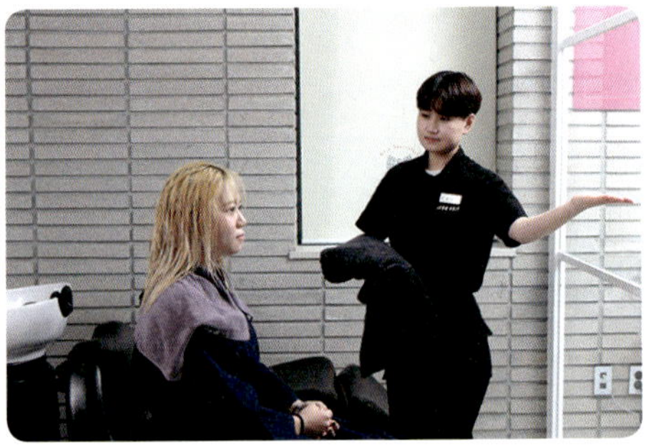

▶ 고객을 시술대 자리로 안내한다.
이때 방향을 정확하게 가리킨다.

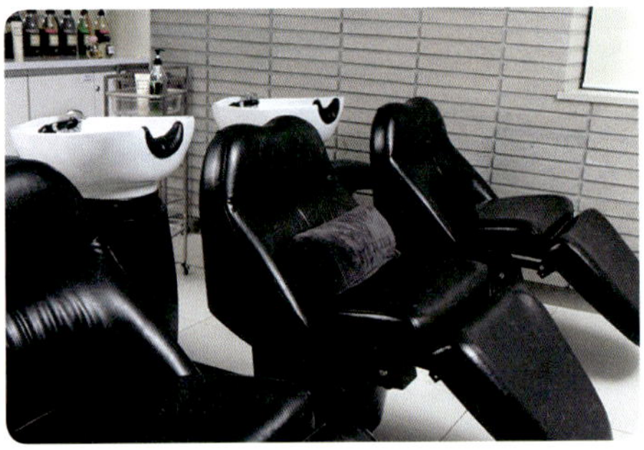

▶ 사용 후 정리정돈이 잘 되어 있는 샴푸실.

(3) 핸드드라이

그림 2-11 스타일링 제품과 도구

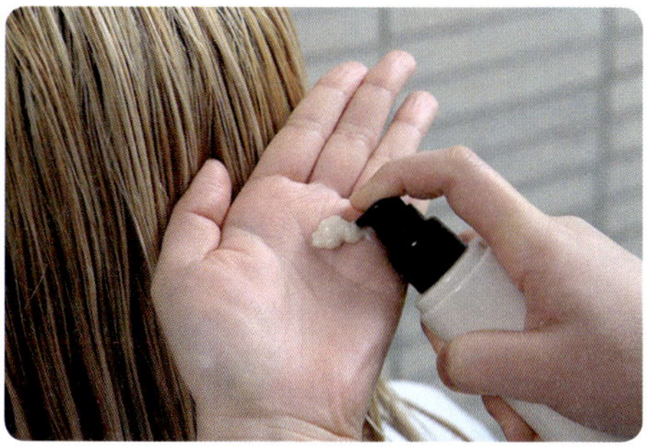

▶ 모질에 적합한 에센스 또는 오일을 선택해 발라 준다.

▶ 머리를 말리기 전 가르마 방향, 고객이 원하는 헤어스타일을 먼저 확인한다.

▶ 젖은 머리가 얼굴에 떨어지지 않도록 주의하며 머리를 말려 준다.

▶ 가르마나 모류의 방향에 주의하여 두피부터 말려 준다.

▶ 손가락으로 두피를 문지르며 말려 준다.

▶ 두피를 다 말리면 머리카락을 말려 준다. 이때 드라이기 노즐 방향이 위에서 아래로 향해야 결 정리가 되며 말릴 수 있다.

▶ 상황에 맞는 도구를 활용하면 좋은 결과를 낼 수 있다.

▶ 헤어와 두피 상태에 맞는 제품을 바르며 마무리한다.

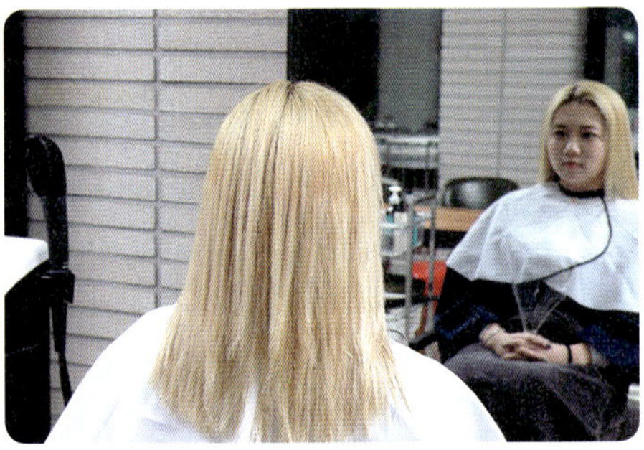
▶ 샴푸 후 핸드 드라이까지 완료.

Chapter 3

헤드 스파

1. 헤드 스파의 정의와 요소
2. 헤드 스파의 목적 및 효과
3. 헤드 스파 환경과 장비
4. 헤드 스파의 시술 순서와 방법

Chapter. 3

헤드 스파

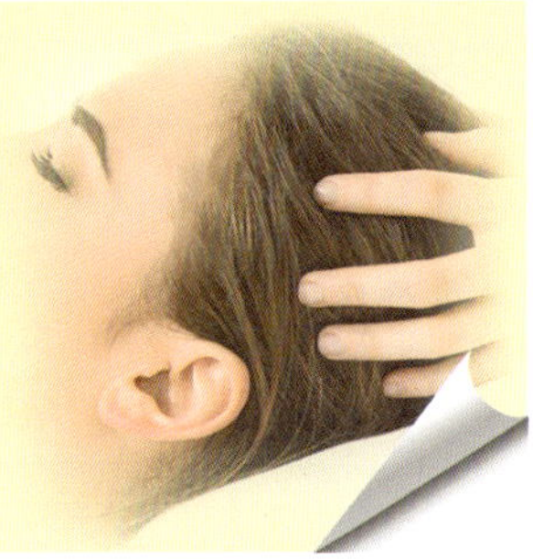

1. 헤드 스파의 정의와 요소

헤드 스파(Head SPA)는 고객의 두피 환경을 개선하여 건강하고 아름다운 모발을 유지하고 심신의 안정과 힐링을 주는 목적으로 시술하는 두피 및 모발 관리를 총칭한다. 운동이나 식생활 등의 다양한 분야와 결합하는 스파(SPA) 산업의 발달로 인해 헤드 스파도 자연치유력을 강화하여 두피 노화를 예방하고 스트레스를 완화하여 심신 건강의 치유효과를 기대하는 대체요법 영역으로 확장되고 있다.

현재의 헤드 스파는 주로 천연소재 유래의 제품을 사용하여 고객의 머리(head) 및 두피(scalp)와 모발(hair) 부위를 중심으로 매뉴얼 테크닉 및 기기를 사용하는 프로그램으로 구성되어 있다.

헤드 스파 프로그램은 고객의 두피와 모발 상태 및 기호를 고려하여 비용, 시간, 제품 등을 다양하게 구성하도록 한다. 또한, 효과적인 프로그램은 헤드 스파에 적합한 제품과 기자재를 갖추고 테크닉이 숙련한 테라피스트가 시술하여야 한다.

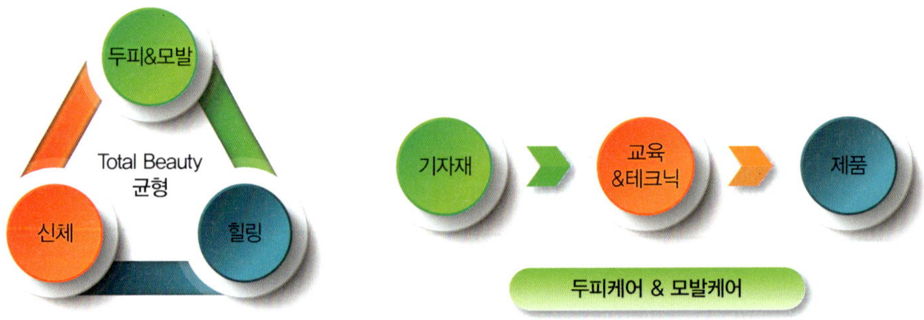

그림 3-1 헤드 스파의 이해

스파(SPA)에 대하여...

스파(SPA)의 어원은 벨기에 리에주 주(州)의 유명한 온천도시 지명에서 유래되었거나 라틴어 'sanitas per aquam(물로 건강해지는 것)' 프랑스어 'sante per aqua(건강에 좋은 물)'의 머리글자에서 비롯되었다는 설이 있다.

16세기 영국에서는 고대 목욕문화에 대한 관심이 깊어서 물을 마시고 몸을 치료하는 리조트(The English Spaw)를 설립하기도 하였다.

1960년대부터 유럽을 중심으로 물을 이용한 건강 증진 및 질병 치료(하이드로 테라피, Hydro Thetaphy)가 발전하였고, 1990년대 중반 미국에서는 예방의학의 발달로 메디컬 스파가 도입되었다.

현대의 스파란, 목욕 및 미용시설과 심신의 안정을 돕는 다양한 시설 등이 갖추어진 곳을 지칭한다.

2. 헤드 스파의 목적 및 효과

(1) 두피와 모발의 성장환경을 개선하여 건강한 두피와 모발을 유지한다.

두피 · 모발과 모공을 청결하게 유지하고 두피의 각화주기, 피지선, 한선 분비의 정상화를 통해 두피의 유 · 수분의 균형을 이루고 윤기있는 건강한 모발로 관리한다.

(2) 두피와 얼굴의 림프 및 혈액순환을 개선하여 노화를 예방한다.

심장과 가슴샘을 종착지 방향으로 헤드 스파 테크닉을 진행하여 노폐물 배출과 부종감소 효과가 있다. 또한, 두상의 방향으로 진행하는 헤드 스파 테크닉은 산소와 영양소 운반을 도와 얼굴과 두피의 노화를 예방한다. (그림 3-2와 그림 3-3 참고)

(3) 자율신경계의 부교감신경이 활성화되어 스트레스를 완화하고 심신의 안정에 기여한다.

따뜻한 온도, 에센셜 오일, 음악, 물소리, 조명 등을 이용하여 부교감신경을 자극하고 고객을 안정된 수면 상태로 유도한다. (그림 3-4 참고)

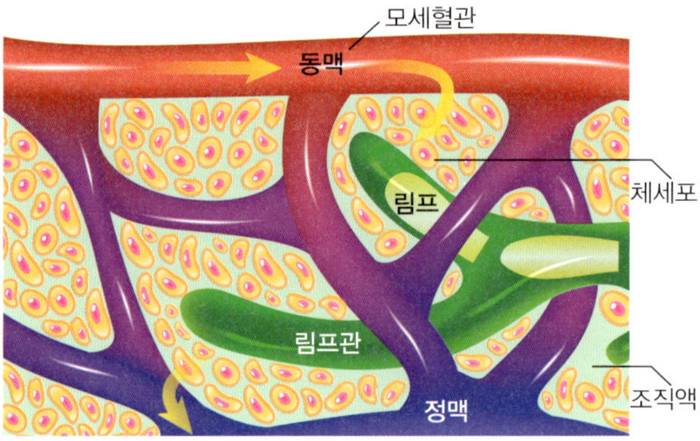

그림 3-2 림프의 기능

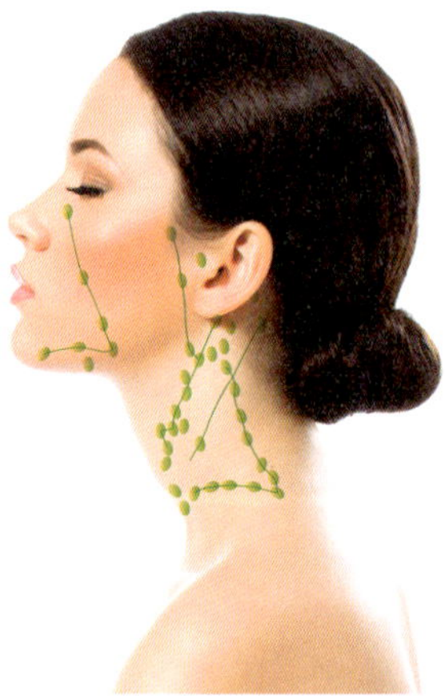

그림 3-3 얼굴 주변의 림프 드레나지

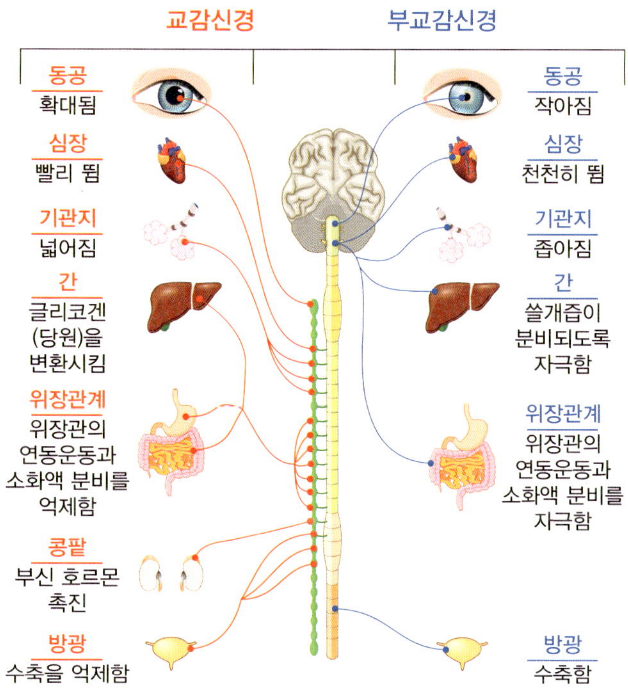

그림 3-4 자율신경계의 기능

3. 헤드 스파 환경과 장비

1. 헤드 스파 룸

헤드 스파 룸은 밀폐되고 고립된 장소보다는 환기와 채광이 잘 되는 곳이 적합하다. 샴푸대 사이의 간격을 여유롭게 배치하고 간이 칸막이와 블라인드 등을 활용하여 공간의 분할과 채광을 조절한다.

규칙적인 주파수를 가진 백색소음(white noise)과 유사한 음악으로 주변의 소음을 덮고 고객의 심신 안정과 스트레스 해소에 도움을 주어 수면을 유도하도록 한다. 조도 조절이 가능한 조명을 설치하고 고객의 오감을 충족시킬 수 있도록 정돈된 환경으로 준비한다.

2. 장비와 기기

헤드 스파 샴푸대는 고객이 편안히 누운 상태로 시술을 받을 수 있는 와식 샴푸대가 적합하며 시술속도를 조절하고 편안한 자세를 유지할 수 있는 시술의자(stool)를 준비한다.

또한, 스파 전용 미스트기를 샴푸 도기에 부착하여 수온과 도기가 따뜻하게 유지되고 시술자 손의 움직임을 부드럽게 하는 것이 효과적이다.

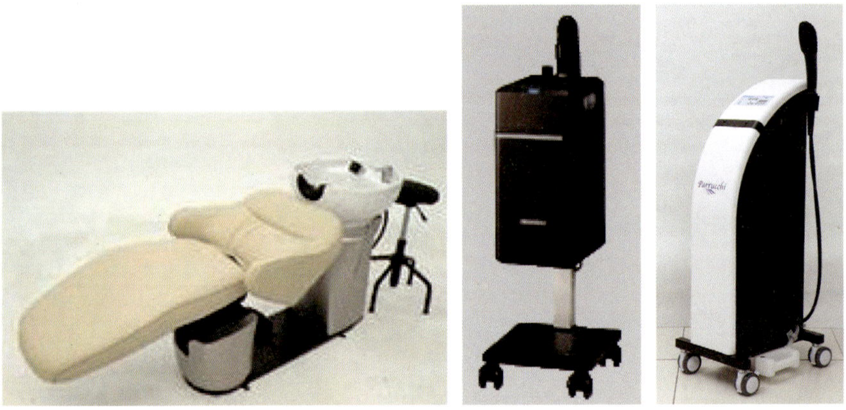

그림 3-5 헤드 스파용 샴푸대와 미스트 기기

4. 헤드 스파의 시술 순서와 방법

1. 고객상담과 두피·모발 진단

고객 상담은 쉬운 단어를 사용하여 편안한 분위기에서 고객의 대화를 경청하며 고객의 습관과 요구를 파악할 수 있는 대화로 구체적인 정보를 얻을 수 있도록 한다. 상담을 할 때는 고객을 마주보고 대화하듯이 진행하고 고객에게 아로마 오일과 샴푸 및 트리트먼트 등의 제품을 테스트할 수 있는 기회를 제공하여 고객의 기대와 흥미를 유발하고 절차에 대한 신뢰를 얻도록 한다.

문진, 촉진, 견진 등의 방법과 두피진단기를 사용하여 두피 · 모발의 상태를 관찰하여 분석하고 상담 카드를 작성하여 정확한 진단과 체계적인 관리가 진행되도록 한다.

일반적인 두피의 피지 분비를 고려하면 세정 후 2~4시간 후가 진단하기에 적절하다.

두피 · 모발 진단기의 렌즈 배율은 목적 및 진단부위에 따라 100배 · 150배 · 500배 등을 구분하여 사용하고, 관리가 진행되는 동안 두상의 일정한 부위를 측정하도록 유의한다.

두피 · 모발 진단의 결과를 고객과 공유하여 고객에게 관리절차 및 홈케어 제품을 추천하고 사용방법 및 효과에 대한 정보를 제공한다.

상담 카드 작성 내용

① 개인정보 동의서
② 두피의 색상과 상태
③ 모발의 굵기, 유수분 상태(건조, 윤기), 탄력, 빗질의 엉킴 정도
④ 생활습관 및 병력
⑤ 관리제품 및 기기
⑥ 홈케어 추천 제품

개인정보보호법 강화

개인정보 보호를 위한 법체계를 일원화하고 개인의 권익보호를 강화하기 위해 제정된 법률로, 당사자의 동의없이 개인정보를 수집 및 활용하거나 제3자에게 제공할 경우에는 5년 이하의 징역 또는 5000만 원 이하의 벌금형에 처할 수 있다.

따라서 개인정보의 수집 목적, 이용항목, 이용목적, 보유 및 이용기간 등이 명시된 개인정보 수집 및 이용에 대한 동의서를 고객이 작성하도록 안내한다.

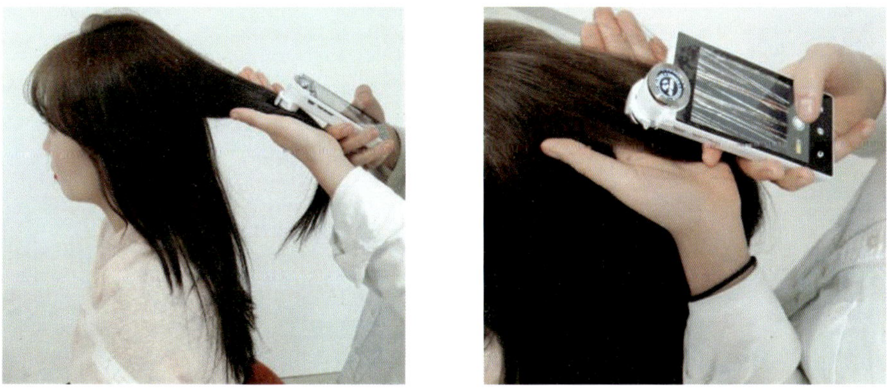

그림 3-6 두피·모발 진단기

고객상담 카드

담당 관리자: 20 년 월 일 요일

이름(Name): (여/남)
전화번호(Phone number): (직장/자택)
(H.P)
생년월일(Date of birth):
신장: cm 체중: kg
직업: ☐ 직장인 ☐ 주부 ☐ 학생 ☐ 자영업 ☐ 기타
주소(Address):
결혼여부: ☐ 기혼 ☐ 미혼
르네휘테르를 알게된 동기 : ☐ 잡지 ☐ 살롱추천 ☐ 친구 ☐ 기타

생활 패턴 진단(Your general lifestyle)

- * 기존 사용 제품:
- * 샴푸 횟수:
- * 펌 · 염색주기:
- * 가려움증:
- * 평균 수면시간:
- * 식생활 습관:
- * 운동:
- * 특이사항:
- * 약물복용:

두피 진단(Your scalp diagnosis)

- * 두피타입: ☐ 정상 ☐ 지성 ☐ 건성 ☐ 비듬 ☐ 탈모 ☐ 민감성 ☐ 건선
- * 유전여부: ☐ 유 ☐ 무 (☐ 부계 ☐ 모계)
- * 탈모시기:
- * 증상:
- * 모근의 손상 여부:

고객상담 카드 예시

2. 모발 브러싱

브러싱은 샴푸와 두피 모발 · 관리의 기본적인 첫 시술 단계로써 가볍게 두피를 자극하기 위해 빗살 끝이 둥근 모양의 쿠션(우드타입) 브러시를 사용하여 모발을 빗질한다. 모든 모발을 두상의 백회(T.P) 방향으로 브러싱한다.

브러싱을 진행하는 동안 수시로 정방향으로 모발을 빗질하고 정돈하여 역방향 빗질로 인해 고객이 불편함을 느끼지 않도록 한다.

(1) 브러싱의 목적 및 효과

① 두피와 모발의 먼지와 노폐물 및 스타일링 제품 등을 제거한다.
② 엉킨 모발을 정돈하여 샴푸 시술이 용이하도록 한다.
③ 가벼운 두피자극으로 두피기능이 원활해진다.
④ 피지분비의 촉진으로 모발의 윤기를 부여한다.

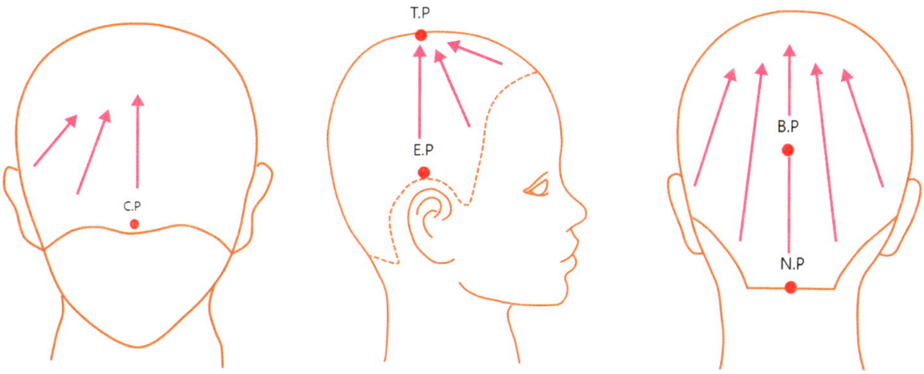

그림 3-7 브러싱의 방향

(2) 브러싱 테크닉

▶ 정중선을 기준으로 정방향 빗질로 엉킨 모발을 정돈한다.

▶ 4등분한 두상의 사이드와 백 부분을 각 2~3회씩 백회((T.P) 방향으로 브러싱한다.

3. 두피 마사지

두피 마사지를 하여 긴장된 등, 어깨, 목과 위팔(상완)의 근육을 이완하고 두피로 향하는 혈행 순환이 원활해지면 건강한 두피와 모발을 유지할 수 있다. 마사지 방법은 손이나 기기를 사용할 수 있으며 두 가지를 병행하여 동작을 구성한다.

일반적인 마사지의 순서는 어깨에서 시작하여 두피로 올라가고 다시 어깨로 내려오는 방향으로 진행한다. 이때, 에션셜 오일 2~3방울을 사용하면 심신이완과 안정 및 고객의 만족감을 높일 수 있다.

유화 매니플레이션을 진행하는 헤드 스파 프로그램에서는 시술자가 고객 두피의 온도를 느끼는 정도의 가벼운 동작으로 마사지 테크닉을 구성하도록 한다.

헤드 스파 효과를 높여 주는 에션셜 오일

- 피곤할 때 : 파인(Pine), 페퍼민트(Peppermint), 베르가모트(Bergamot), 라벤더(Lavender)
- 스트레스가 쌓일 때 : 펜넬(Pennel), 제라늄(Geranium), 스위트 오렌지(Sweet Orange), 그레이프 프루트(Grapefruit)
- 부종이 심할 때 : 벤조인(Benzoin), 로즈메리(Rosemary), 버베나(Verbena)
- 두통이 있을 때 : 파인(Pine), 린덴 블로섬(Linden blossom)
- 소화가 잘 안 될 때 : 로만 카모마일(Roman Chamomile), 시나몬(Cinnamon), 레몬 밤(Lemon Balm), 만다린(Madarin)
- 불면증이 있을 때 : 페티그레인(Petitgrain), 미르(Myrr), 라벤더(Lavender), 샌달우드(Sandalwood)
- 목/어깨가 결릴 때 : 마조람(Majoram), 블랙 페퍼(Black pepper), 클라리 세이지(Clary Sage)
- 두피가 가렵고 아플 때 : 티트리(Tea Tree), 일랑일랑(Ylang Ylang)
- 얼굴색이 어두울 때 : 로즈메리, 일랑일랑, 라벤더, 로즈우드(Rosewood)
- 우울하고 불안할 때 : 베티베르(Vetiver), 페티그레인(Petitgrain), 팔마로사(Palmarosa), 페퍼민트, 재스민(Jasmin), 일랑일랑
- 생리통이 심할 때 : 저먼 카모마일, 주니퍼 베리(Juniper Berry), 로즈(Rose)
- 심하게 긴장할 때 : 시더우드(Cedarwood), 네롤리(Neroli)
- 비염/잔기침이 있을 때 : 유칼립투스(Eucalyptus), 타임(Thyme)

(1) 두피 마사지의 목적 및 효과

① 등, 어깨, 목, 위팔(상완)과 두상의 근육이 이완된다.

② 체온이 상승하여 대사를 촉진하고 혈액과 림프의 순환이 원활해진다.

③ 영양공급과 노폐물의 배출에 도움을 준다.

④ 부교감 신경계의 활성화로 심신이 안정된다.

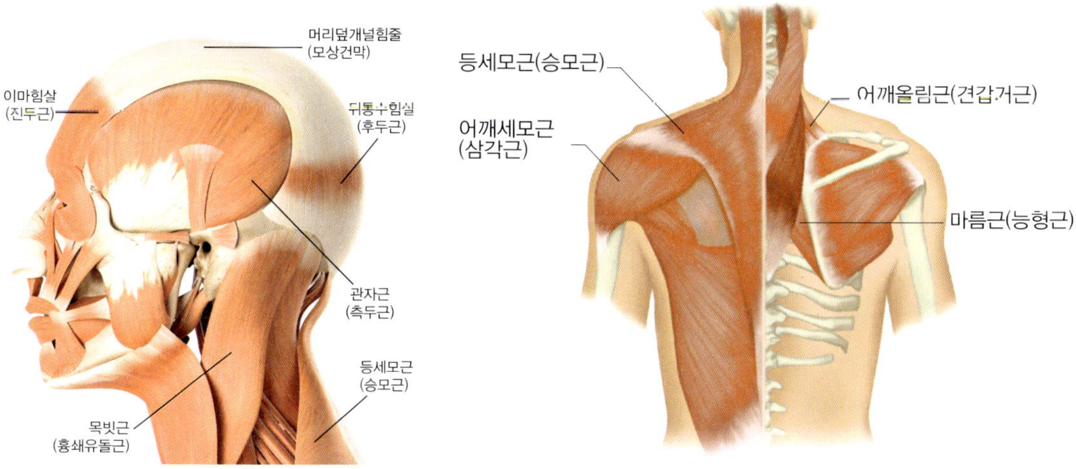

그림 3-8 주요 근육

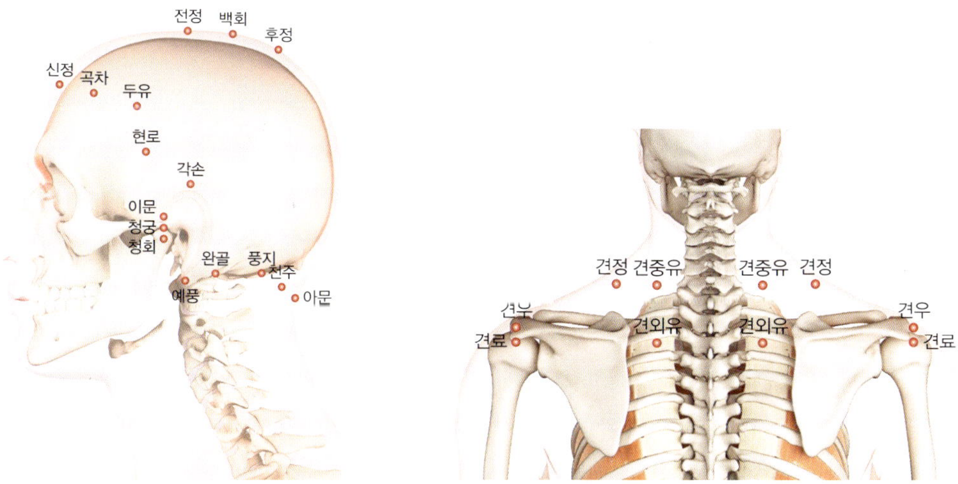

그림 3-9 주요 경혈

(2) 두피 마사지 기법의 분류

① 쓰다듬기(경찰법, effleurage)는 가볍게 쓰다듬는 동작으로 모발 정돈과 긴장완화를 위해 시작단계에 사용한다.
② 문지르기(강찰법, fricrion)는 힘을 주어 원을 그리듯이 문지르는 동작으로 근육 자극과 노폐물 배출을 촉진한다.
③ 반죽하기(유찰법, petrissage)는 근육을 잡고 들어 올리듯이 반죽하여 주무르는 동작으로 근육을 유연하게 한다.
④ 떨기(진동법, vibration)는 양손을 사용하여 근육 옆방향으로 진동을 주는 동작으로 근육을 자극한다.
⑤ 두드리기(고타법, tapotement)는 손가락이나 손날 등을 사용하여 가볍게 두드리듯 튕기는 동작으로 마무리 단계에 사용한다.
⑥ 누르기(압박법, pressure)는 양손의 손바닥 전체를 이용하여 감싸듯이 누르는 동작으로 근육과 신경을 진정시킨다.

(3) 두피 마사지 테크닉

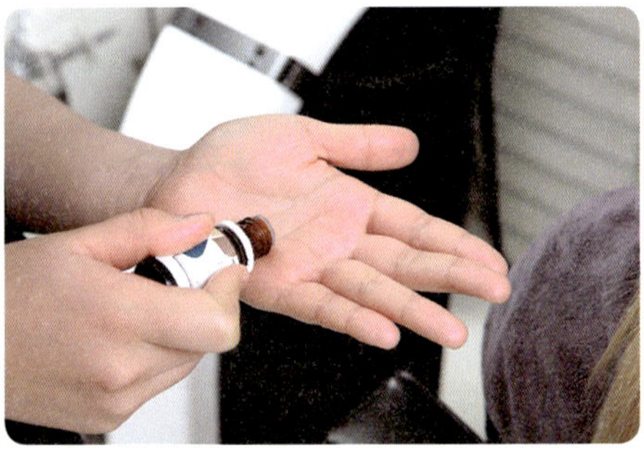

▶ 아로마 오일2~3 방울을 시술자의 손바닥에 사용한다.

▶ 얼굴 앞쪽에 마주한 두 손을 백회방향으로 천천히 이동 한 후에 어깨로 쓸어내린다.

▶ 양손을 어깨와 두상에 올리고 동시에 좌 · 우 방향으로 밀며 당긴다.

▶ 가볍게 양손으로 신정과 아문을 지지하고 앞 · 뒤 방향으로 고개를 숙이고 젖힌다.

▶ 견중유에 엄지를 고정하고 등세모근(승모근)을 주무르듯이 끌어당긴다.

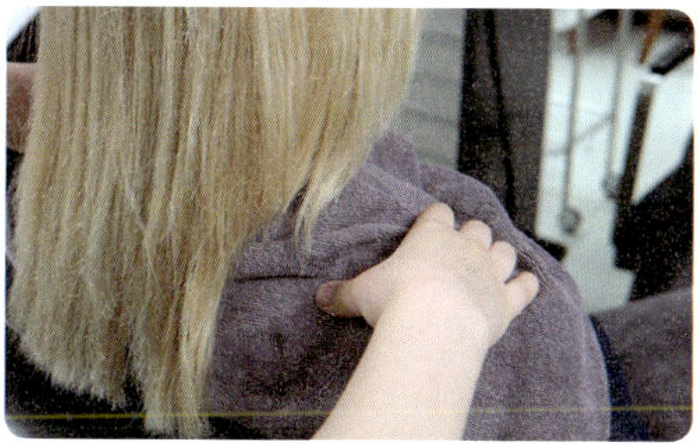

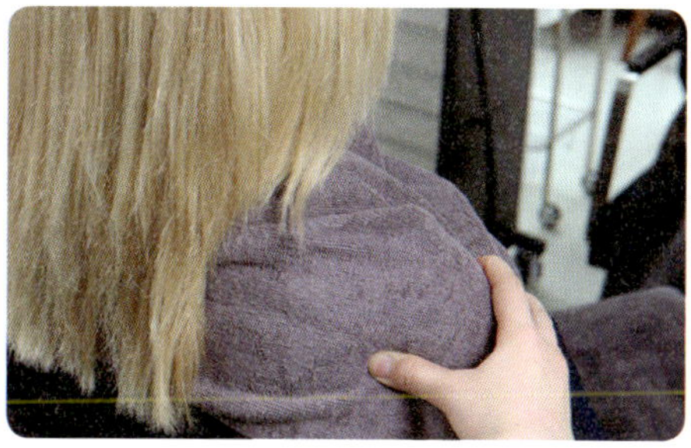

▶ 엄지를 사용하여 등세모근(승모근)을 따라 견중유 → 견정 → 견우의 순서로 지긋이 누르면서 이동한다.

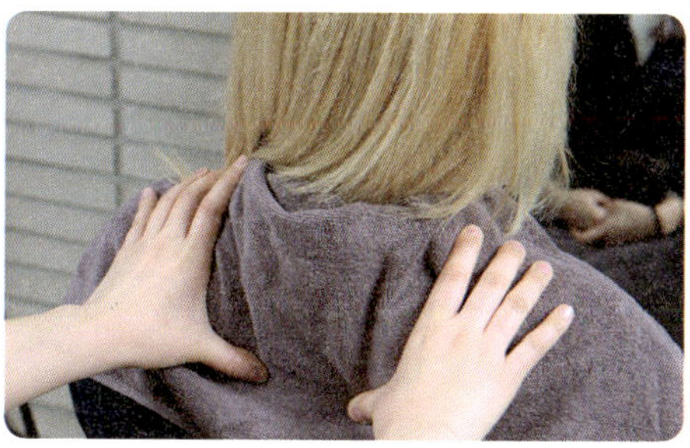

▶ 엄지를 사용하여 척주 세움근(기립근)을 따라 지긋이 누르면서 내려간다.

▶ 상체의 힘을 이용하여 팔목에 무리가 가지 않도록 한다.

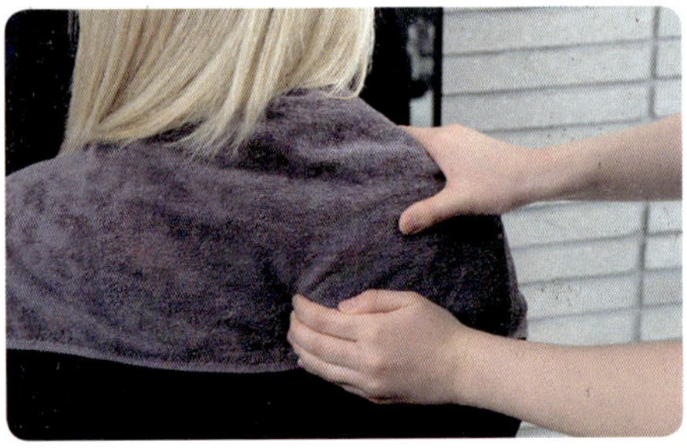
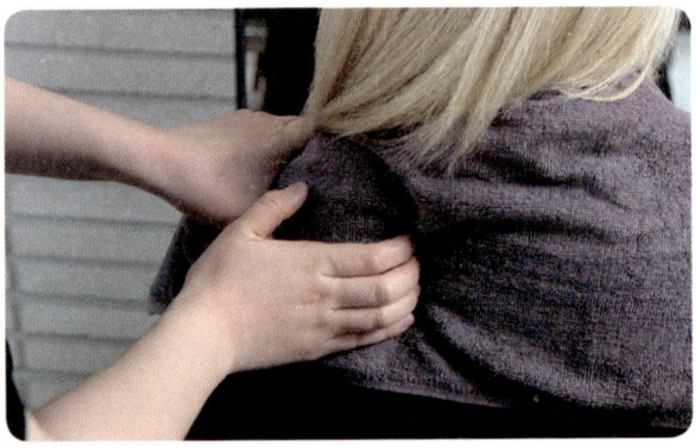

▶ 2지, 3지, 4지를 사용하여 어깨뼈(견갑골) 주변을 지긋이 누르면서 이동한다.

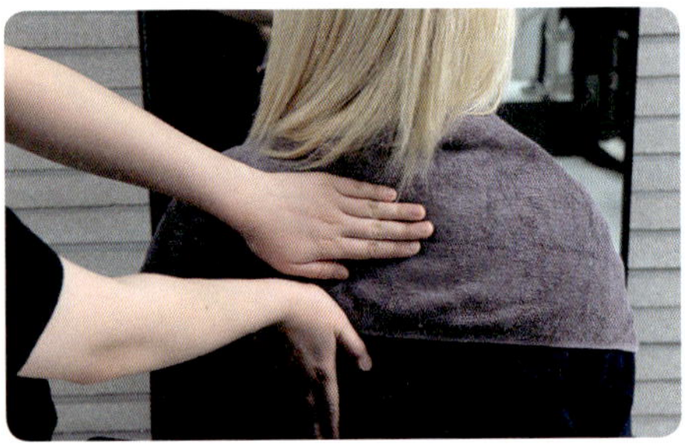
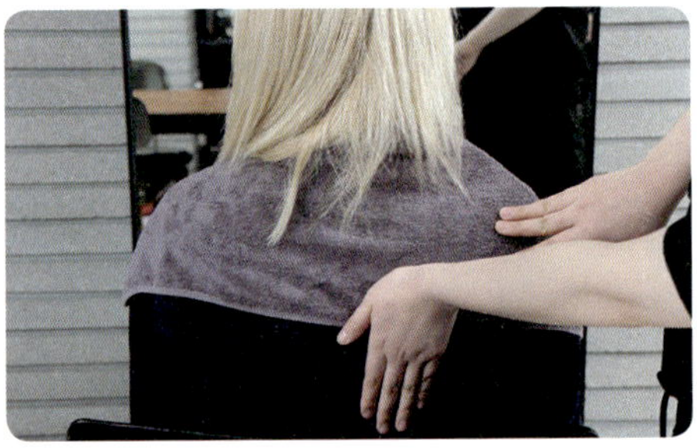

▶ T자를 그리면서 양손으로 어깨뼈(견갑골)을 쓰다듬는다.

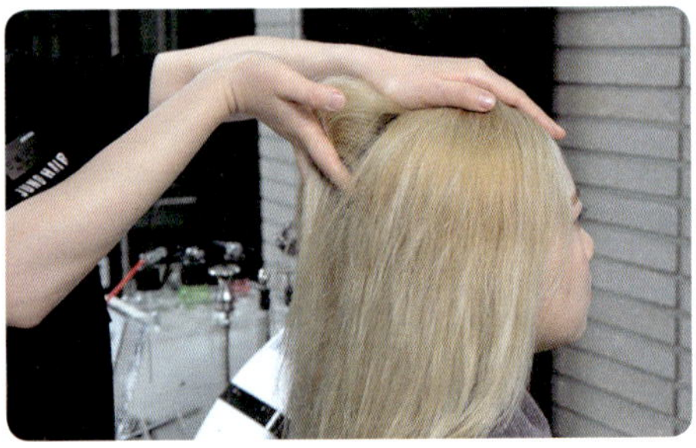

▶ 한손으로 탑 부분을 지지하고 3지,4지를 사용하여 아문을 지압하고 백회방향으로 끌어 올리듯이 쓸어 준다.

▶ 시작점을 아문에서 천주, 풍지의 순서로 이동하며 반복한다. 반대방향으로도 동일하게 진행한다.

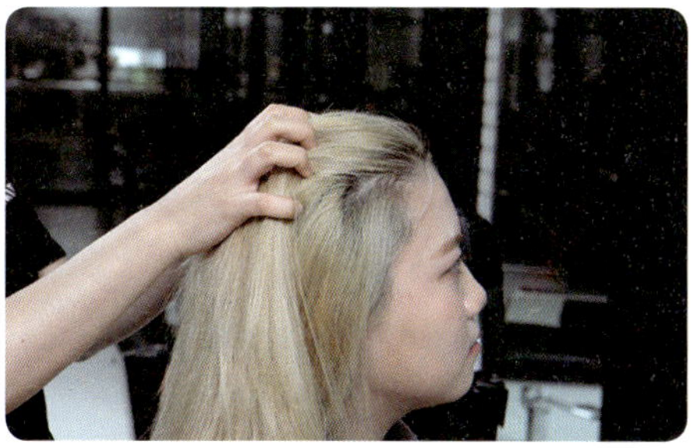

▶ 헤어라인을 양손을 감싸듯이 모은 후 2지로 신정을 지압하고 백회 방향으로 쓸어 준다.

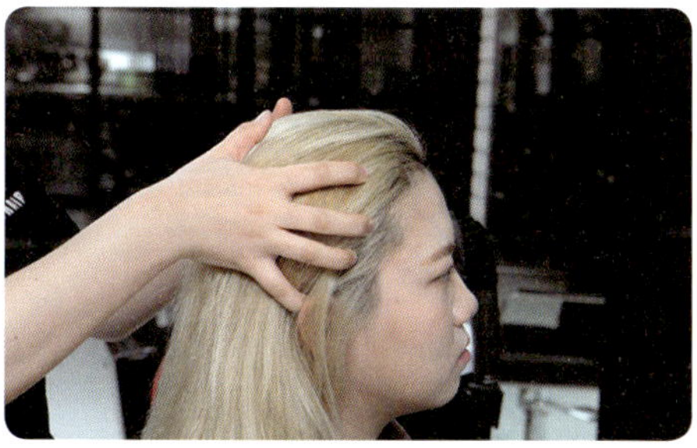

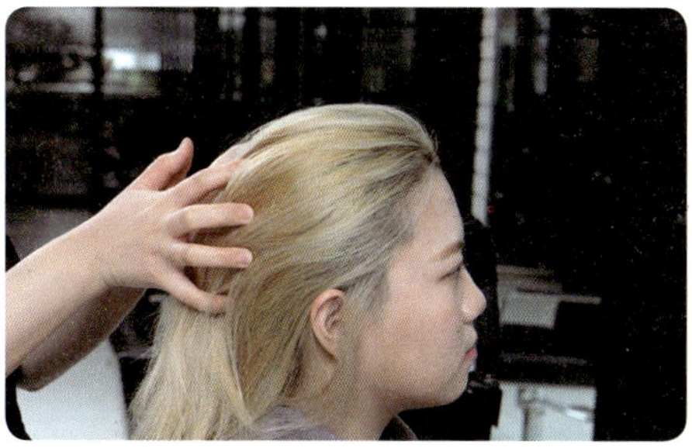

▶ 헤어라인을 따라 곡차, 두유, 현로로 이동하며 동일하게 진행한다.

▶ 두상 전체를 양손으로 감싸고 가벼운 압박을 준다.

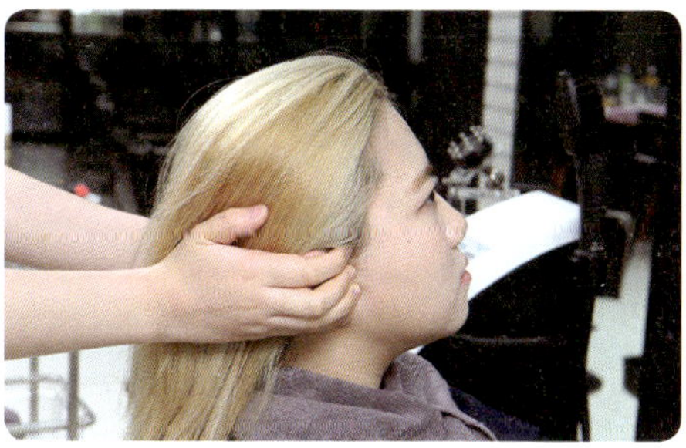

▶ 2지, 3지를 V모양으로 만들어 이문, 청궁, 청회, 예풍, 완골까지 누르면서 쓸어내린 후 이문, 청궁, 청회를 지압한다.

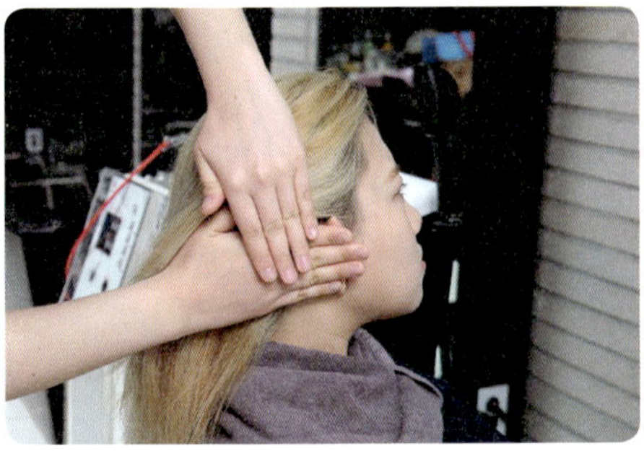

▶ 귓불을 가볍게 주무르고 귀를 반으로 접어 지긋이 누른다.

▶ 엄지를 고정하고 2지, 3지, 4지를 사용하여 빗장뼈(쇄골) 아랫방향으로 가볍게 쓸어내린다.

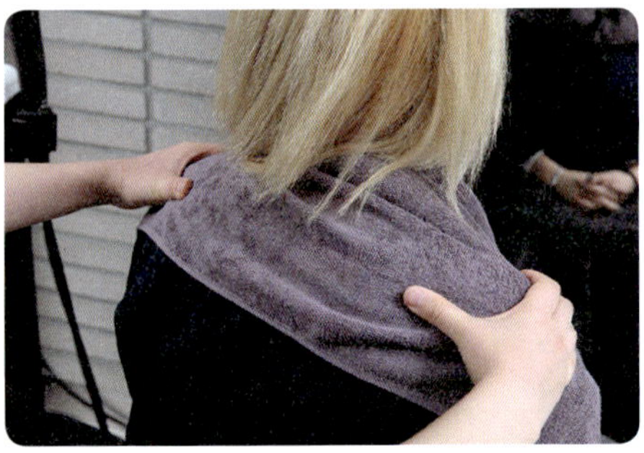

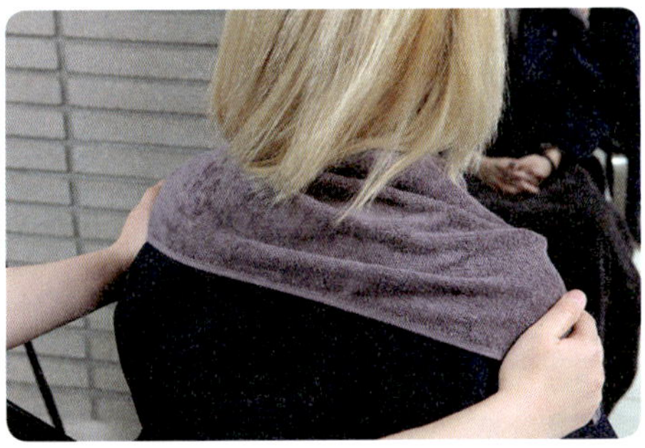

▶ 등세모근(승모근)에서 양쪽 어깨 세모근(삼각근) 방향으로 쓸어내리고 마무리한다.

4. 두피 스케일링

제품을 도포하고 바로 세정할 수도 있지만, 각질 및 노폐물 제거와 고객의 심신안정을 통한 근육이완을 유도하기 위해 샴푸대 유화 테크닉을 진행하고 세정하는 것이 효과적이다.

시술 전 · 후에 적절한 수분 공급과 각질을 연화하고 샴푸대의 일정한 온도를 유지하기 위해 헤어 스티머를 사용할 수 있다.

(1) 스케일링의 목적 및 효과

① 두피의 각질 및 피지산화물과 노폐물을 제거하여 모공을 청결하게 한다.
② 다음 단계 관리에 사용하는 제품의 침투와 흡수를 돕는다.
③ 가벼운 자극으로 인한 혈액순환으로 건강한 두피를 유지한다.

그림 3-10 제품과 도구

(2) 스케일링 제품의 도포 방법

① 제품은 액상 · 오일 · 크림 타입이 있으며, 두피의 상태에 따라 선택하여 탈지면 스틱 · 코튼 볼 · 브러시 · 스패튤러 등을 사용하여 도포한다.
② 스케일링 제품은 고객이 시술대에 앉거나 샴푸대에 누운 자세로 도포할 수 있다.
③ 제품 도포 후 각질을 연화하기 위해 스티머를 사용할 수 있다.

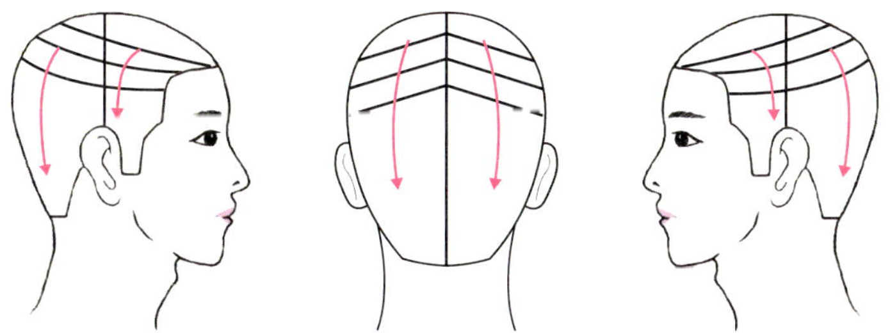

▶ 두상을 4등분으로 블로킹한 후 정중선을 기준으로 시계(반시계) 방향으로 진행한다.

▶ 타월을 접어 어깨에 두르고 샴푸 보를 한다.

▶ 약 1cm의 섹션으로 반듯하게 나누어 도포한다. 블로킹마다 헤어라인을 재도포하고 다른 블로킹으로 진행한다.

(3) 유화 매뉴얼 테크닉 시 주의점

① 손을 사용하는 테크닉(수기:手技)으로 고객과의 소통과 교감을 하며 고객의 심신안정과 근육 이완 및 수면을 유도한다.

② 자연스럽게 두피를 감싸듯이 모은 손가락의 제 1관절을 모두 밀착한 자세로 진행한다.

③ 손의 힘만 사용하지 않고 어깨와 상반신 전체를 사용하여 누르는 힘을 조절한다.

④ 양손의 힘과 이동방향을 동일하게 한다.

⑤ 일정한 온도(물, 시술자 손, 샴푸 룸, 스티머)를 유지한다.

⑥ 샴푸도기에 받아 둔 물을 사용하여 동작을 부드럽게 연결하여 모발이 당겨지는 불편함을 줄이고 제품의 유화가 진행되게 한다.

⑦ 진행속도와 리듬을 일정하게 하고, 갑자기 멈추거나 손을 떼지 않는다.

⑧ 시술자는 손톱길이를 정돈하고 장신구를 착용하지 않는다.

(4) 샴푸대 유화 매뉴얼 테크닉

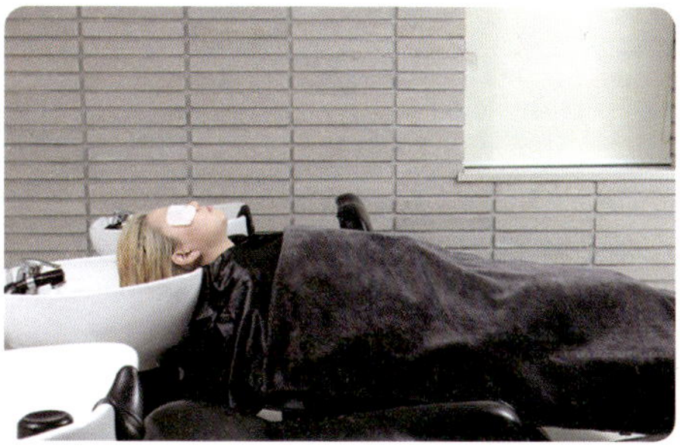
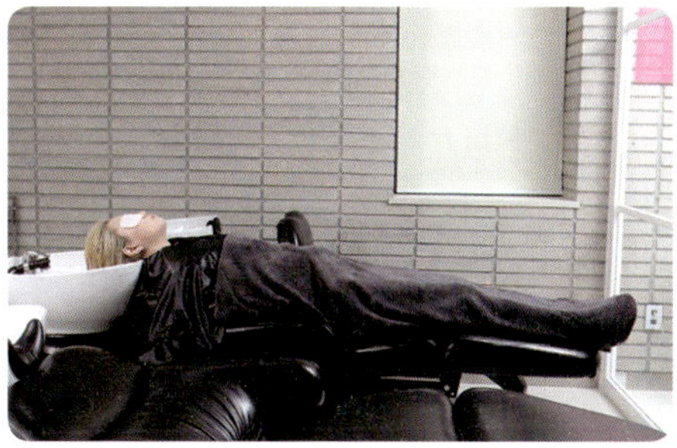

▶ 어깨 타월과 샴푸보를 착용한 후, 무릎담요를 덮어 준다.

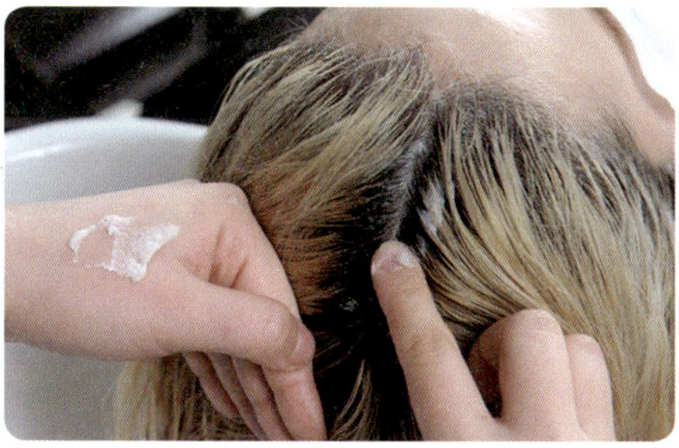

▶ 스케일링 제품을 샴푸대에서 손가락이나 붓을 사용하여 도포할 수도 있다.

▶ 페이스 타월의 끝부분이나 담요의 윗부분에 아로마 오일 1~2방울을 떨어뜨린다.

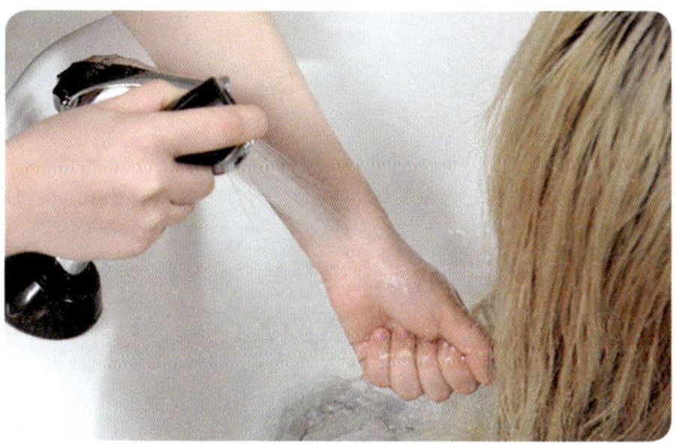

▶ 물의 온도를 체크한 후 샴푸 도기의 7부 정도로 물을 채우고 스파용 미스트 기기의 작동을 설정한다.

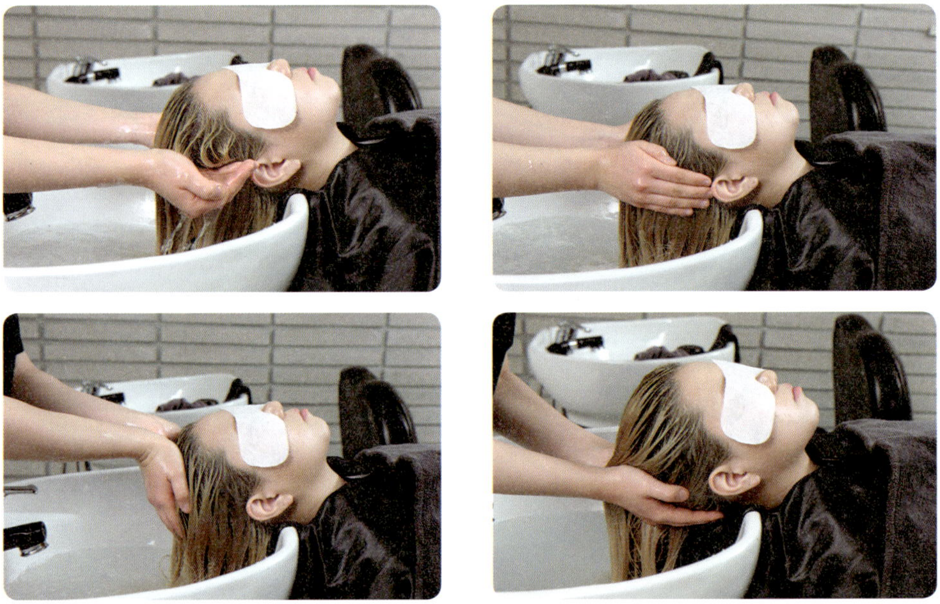

▶ 손바닥 전체를 사용한 쓰다듬기 동작으로 모발의 흐름에 따라 사이드 → 탑 → 네이프의 순서로 모발에 충분히 물을 적신다.

▶ 2지, 3지, 4지를 사용하여 신정에서 지긋이 누르듯이 백회를 향하여 이동하는 동작으로 모발의 끝을 정리하며 쓸어내린다.

▶ 양손이 동시에 동작을 멈추거나 시작하지 않도록 주의하고 샴푸 도기의 온수를 사용하여 손을 데운다.

▶ 2지, 3지, 4지를 사용하여 시작점에서 근육을 잡고 들어 올리듯이 주무르는 동작으로 백회를 향하여 이동한다. 같은 동작으로 탑 → 사이드 → 네이프 순서로 진행한다.

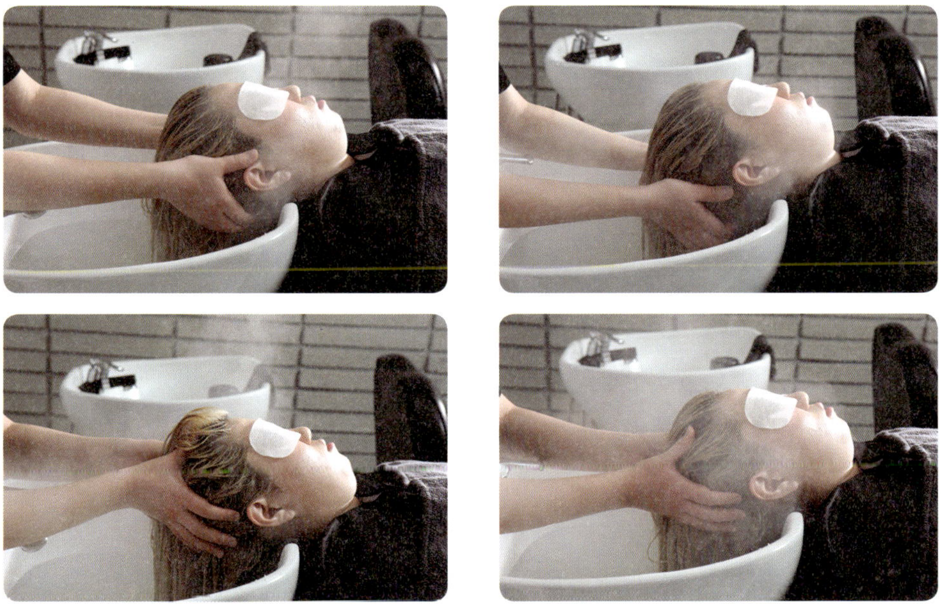

▶ 엄지가 훼이스 라인을 따라 귀로 이동한 후 엄지의 옆면을 사용하여 탑을 향해 지그재그로 계단을 그리듯이 문지르는 동작으로 시작점을 S.C.P. → E.P → E.B.P의 순서로 진행한다.

▶ 손바닥 전체를 사용한 쓰다듬기 동작으로 모류의 흐름에 따라 쓰다듬는다.

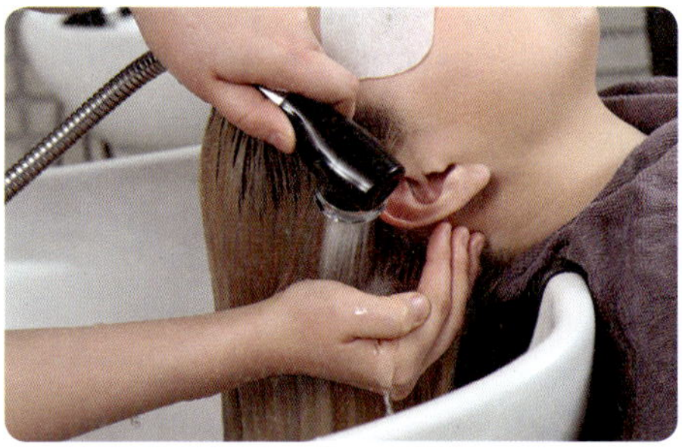

▶ 샴푸 도기의 물을 버리고 샴푸 헤드를 사용하여 꼼꼼하게 두피와 모발을 헹군다.

헤드 스파 시술시 고객 안내

① 고객에게 샴푸대 시술 예상 시간을 미리 알려주어 화장실 사용에 대한 불안감이 생기지 않도록 않다.
② 제품방치 시간 동안 고객의 상황을 체크할 수 있도록 대비한다.
③ 신발의 착용 여부는 고객의 취향을 고려하고, 신발을 벗을 경우에는 발끝까지 담요로 감싸 준다.
④ 스파룸의 온도는 따뜻하게 유지하고, 고객의 요구를 반영하여 조절한다.
⑤ 나지막한 목소리로 물의 온도 · 압의 세기 · 수압 · 진행과정 등에 대한 고객안내 멘트를 하고, 고객이 수면 상태일 경우에는 방해되지 않도록 한다.

5. 헤드 스파 샴푸와 트리트먼트

샴푸대 유화 머니플레이션 후의 샴푸 테크닉은 속도와 문지르는 힘의 세기에 주의하여 고객의 수면 또는 심신이 안정된 상태를 방해하지 말아야 한다.

헤드 스파에 사용하는 트리트먼트제는 모발 끝에만 도포하더라도 타월 스파 · 유화 테크닉 · 헹굼 시 두피에 닿을 수 있으므로 실리콘 오일이 첨가되지 않은 제품을 사용하는 것이 효과적이다.

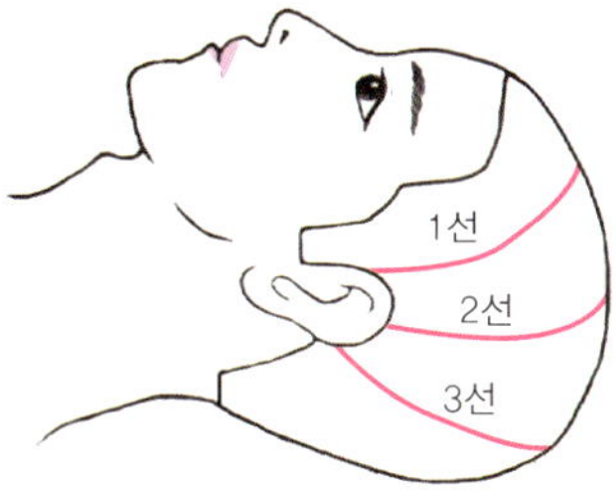

• 1선: 양쪽 S.C.P에서 페이스 라인을 따라 C.T.M.P 방향
• 2선: 양쪽 E.P에서 측중선을 따라 T.P 방향
• 3선: 양쪽 E.B.P에서 G.P 방향

그림 3-11 동작의 이동을 가이드하는 두상의 분할선

(1) 헤드 스파 샴푸

▶ 샴푸와 온수를 섞어 어플리게이터(공병)에 담아 모발에 도포한다.

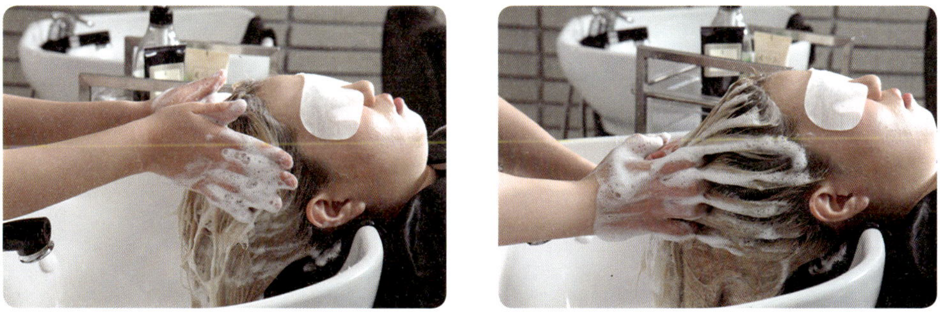

▶ 손바닥을 사용하여 원을 그리는 동작과 모발을 가볍게 들어주는 동작을 반복하여 두상 전체에 풍성한 거품을 낸 후에 손이 이동할 가이드를 따라 모발을 정리한다.

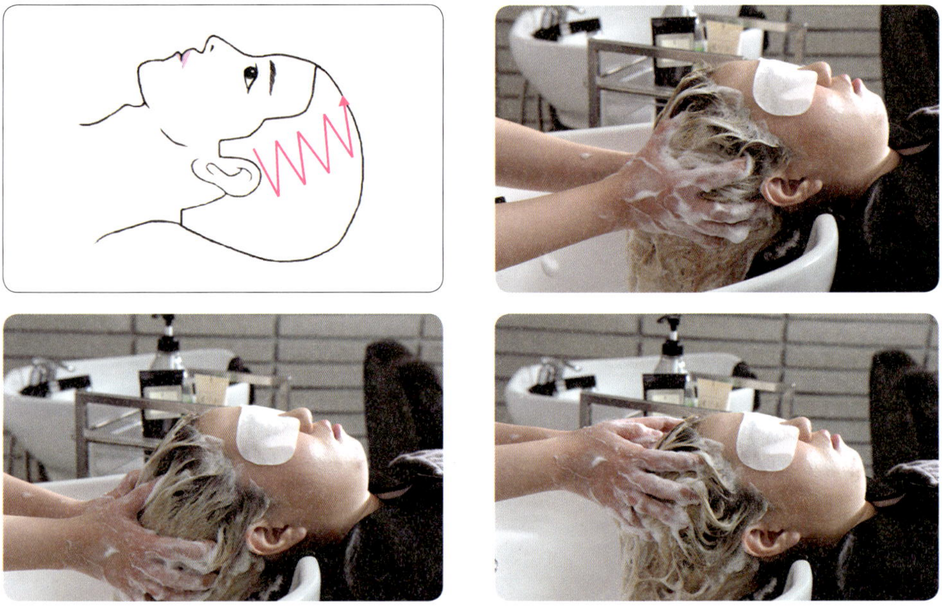

▶ 2지, 3지, 4지를 사용하여 시작점의 근육을 끌어올리듯이 원을 그리다가 지그재그 동작으로 측두부에서 전두부로 이동한다.

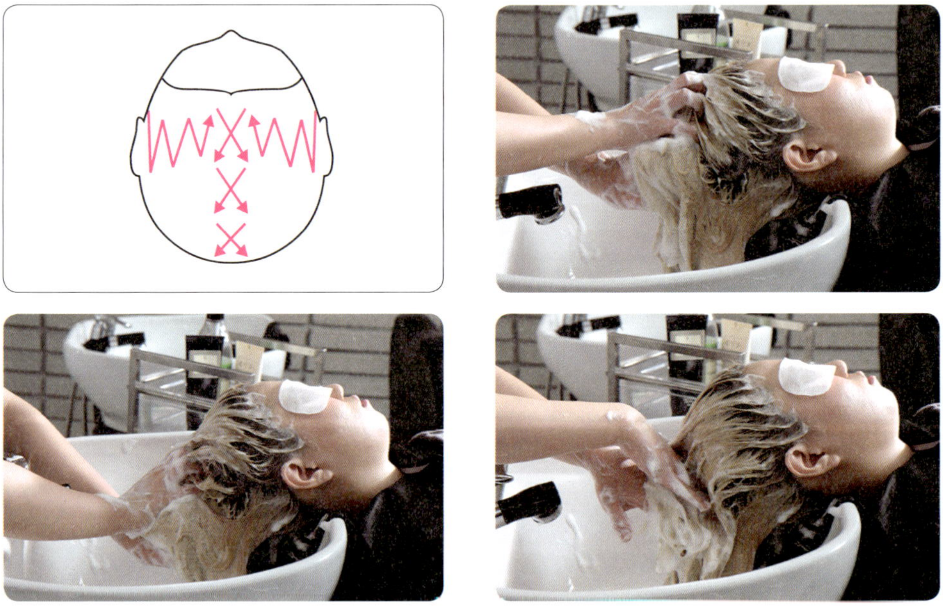

▶ 전 동작과 바로 연결하여 손톱 아래 첫마디를 이용하여 양손 교차동작으로 네이프를 향해 이동한다.
▶ 이전 동작과 연결하여 1선 → 2선 → 3선으로 나누어 반복 진행한다.

▶ 샴푸대 목받침을 활용하여 한손으로 두상을 받치고 고객의 고개를 돌린 후에 지그재그 동작으로 후두부의 양쪽을 번갈아 진행한다.

▶ 센터라인을 중심으로 한 손씩 번갈아 두정부에서 네이프 방향으로 길게 지그재그 동작을 진행한다.

▶ 손가락을 사용하여 두피를 가볍게 튕기기 동작을 한 후, 샴푸 거품을 걷어 낸다.

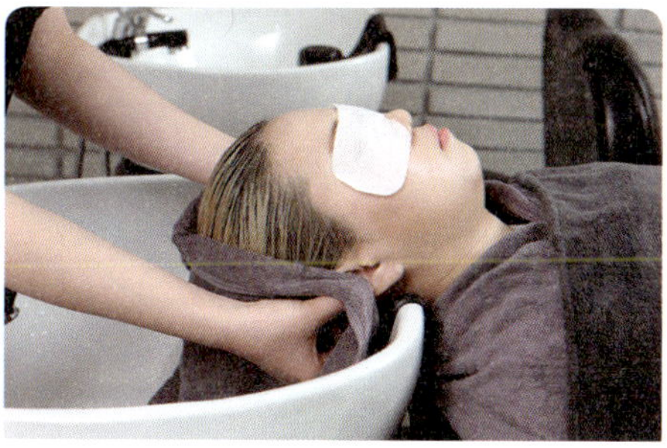

▶ 깨끗이 헹구고 타월을 사용하여 물기를 제거한다.

(2) 헤드스파 트리트먼트

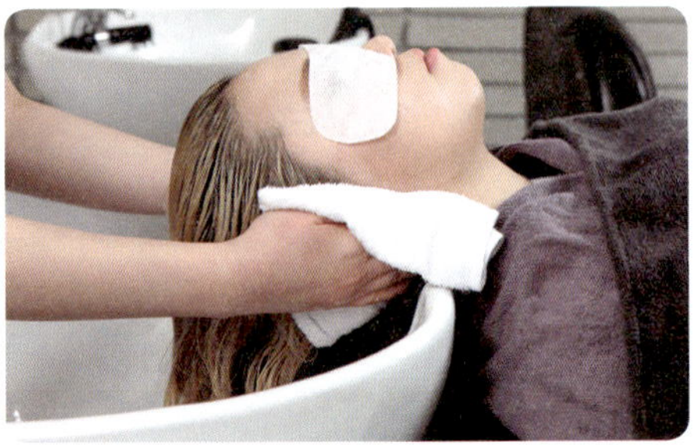
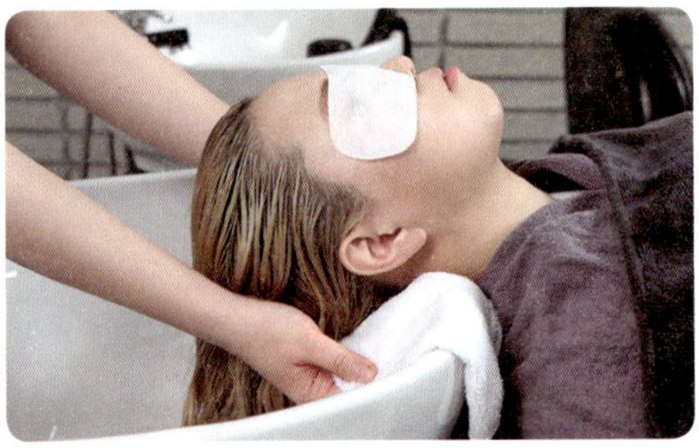

▶ 고객의 목덜미에 스팀 타월을 받쳐 준다.

▶ 두피와 모발의 유형에 적합한 제품을 도포하고 손을 헹군다.

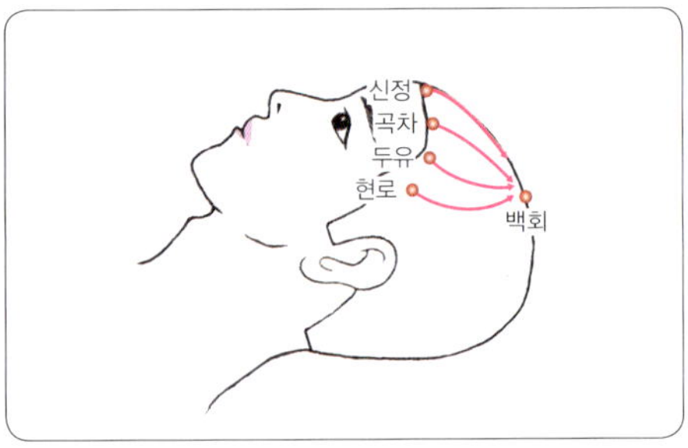

▶ 양손 엄지지문을 사용하여 신정 → 백회, 곡차 → 백회, 두유 → 백회, 현로 → 백회 방향으로 지압한다.

▶ 각각의 시작점은 신정에서 페이스 라인을 따라 이동한 후에 지압한다.

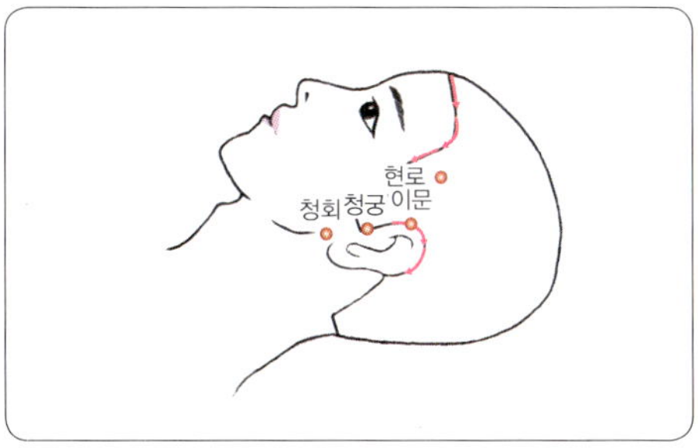

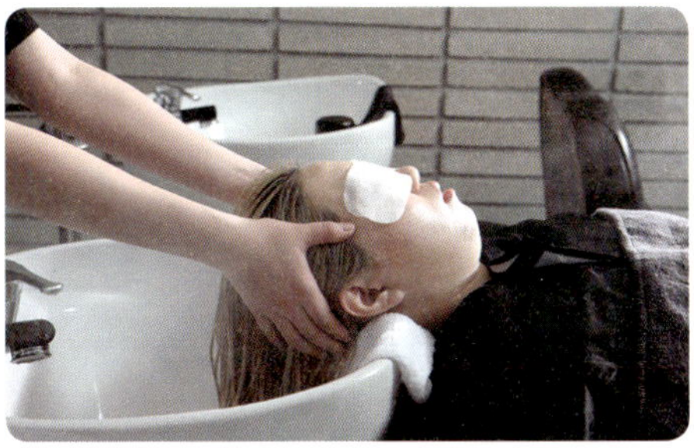
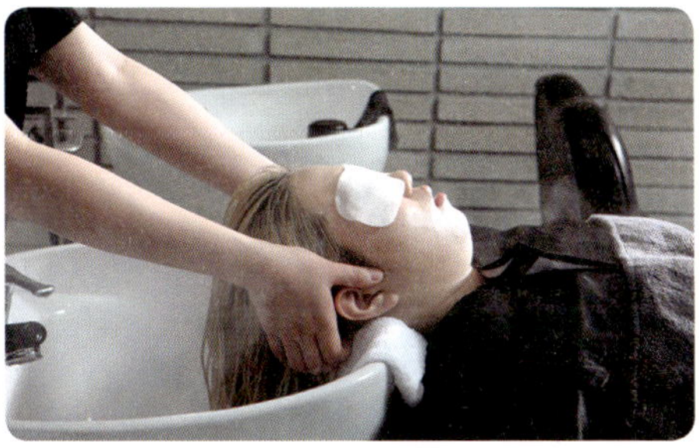
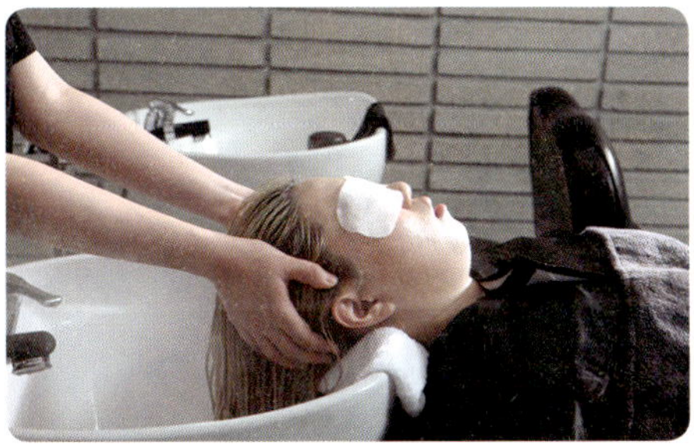

▶ 엄지를 사용해 신정에서 페이스 라인을 타고 현로로 이동하여 원을 그리며 지압하면서 이문 → 청궁 → 청회 순서로 쓸어내린다.

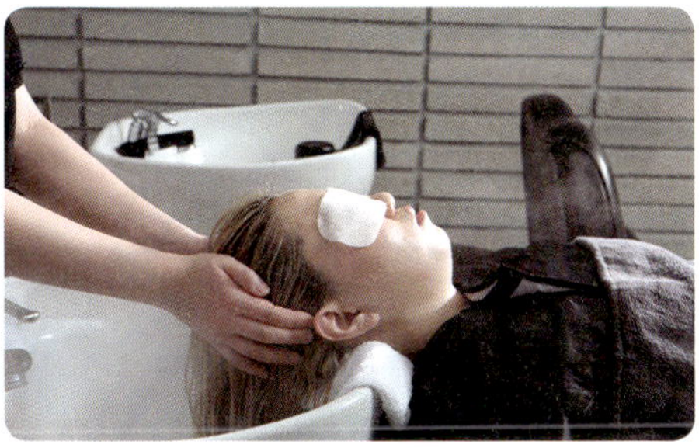

▶ 귀앞에서 3지와 4지로 손가락을 바꿔 귀볼 뒤 원을 그리며 끌어올리는 동작으로 예풍 → 완골로 이동하며 지압한다.

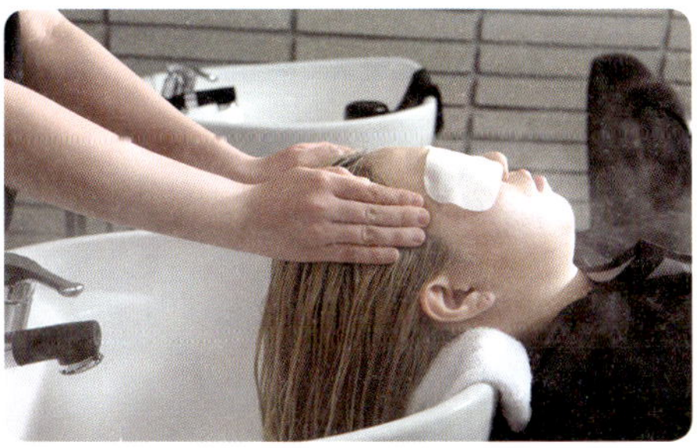
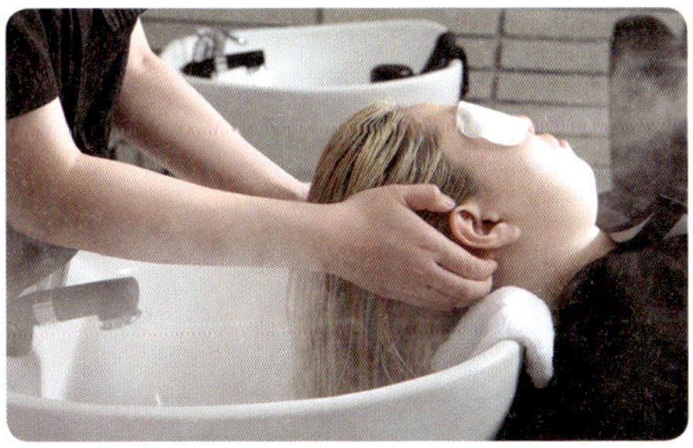

▶ 2, 3, 4지로 페이스 라인을 따라 내려와 이문 → 청궁 → 청회 → 예풍 → 완골로 원을 그리며 끌어올리는 동작으로 지압한다.

▶ 샴푸대 목받침을 활용하여 한손으로 두상을 받치고 고객의 고개를 돌린 후 2지, 3지, 4지로 뒤통수뼈(후두골) 아래 아문, 천주, 풍지를 지압한 후에 이동한다.

▶ 사이드로 이동하여 양손 2지, 3지, 4지를 사용하여 시작점에서 근육을 잡고 들어 올리듯이 주무르는 동작으로 백회로 이동한 후에 지긋이 누른다.

▶ 양 손바닥으로 두상을 감싸고 지긋이 누르면서 압박한다.

(3) 타월 스파

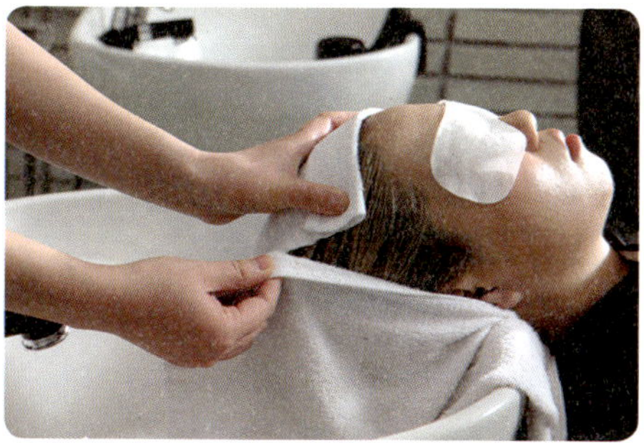

▶ 샴푸 도기의 마개를 끼운다.
페이스 라인을 감싼 타월의 한쪽 시접을 약 3cm 정도 접어 준다.

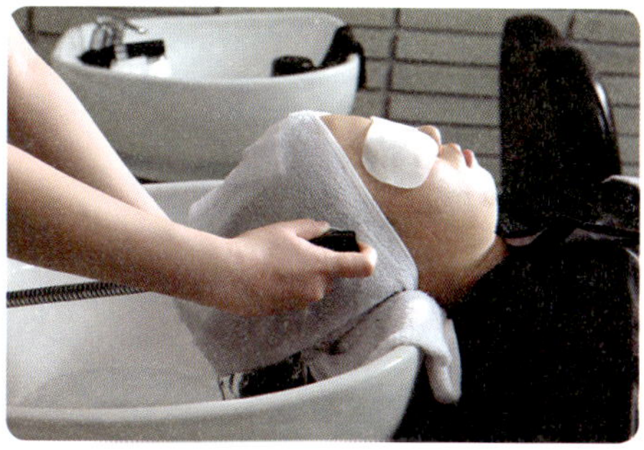

▶ 반대쪽 타월 모서리를 접힌 시접에 넣어 타월을 페이스 라인에 단단히 고정한다.

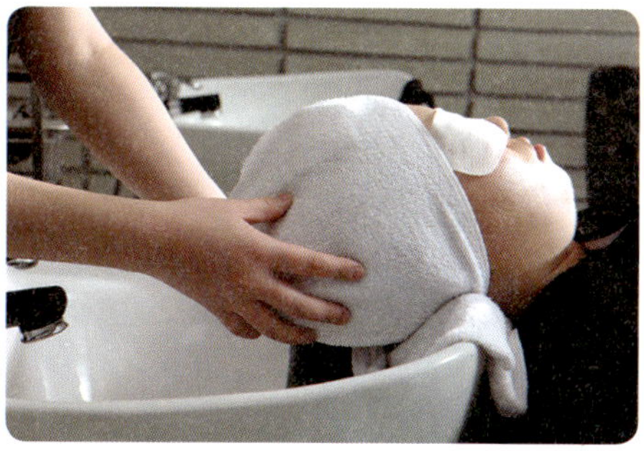

▶ 타월의 끝으로 모발이 나오지 않게 정리하고 끝부분을 여며 접은 후 손으로 잡아서 타월이 느슨하게 풀리지 않도록 한다.

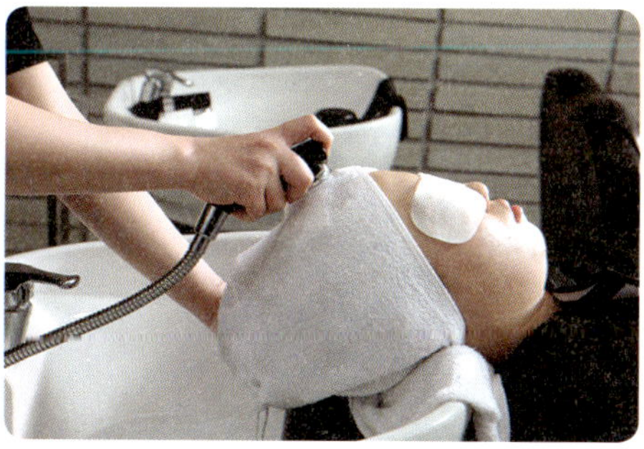

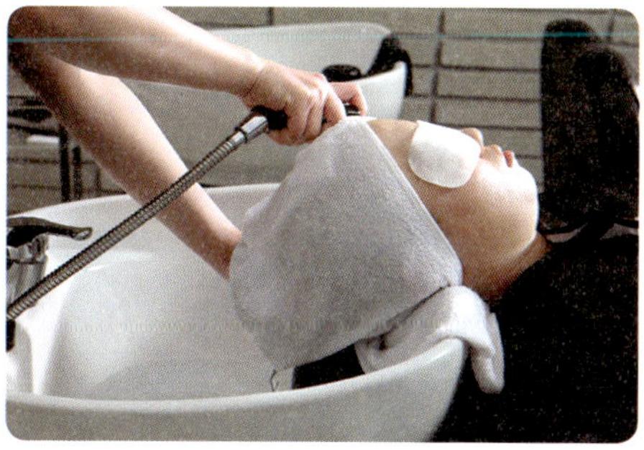

▶ 샴푸 헤드를 타월 위로 밀착하고 페이스 라인을 따라 온수를 도포하고 정중선을 중심으로 양쪽으로 진행한다.

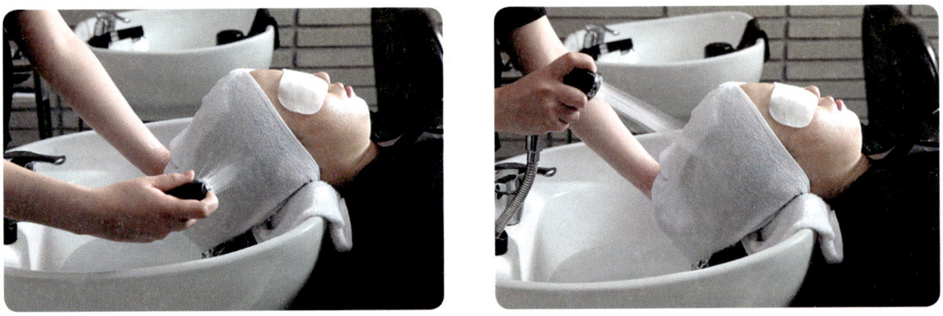

▶ 샴푸 헤드가 두상과 직각이 되게 유지하며 지그재그 모양으로 두상으로 샴푸 헤드의 거리를 조절하며 온수를 도포한다.

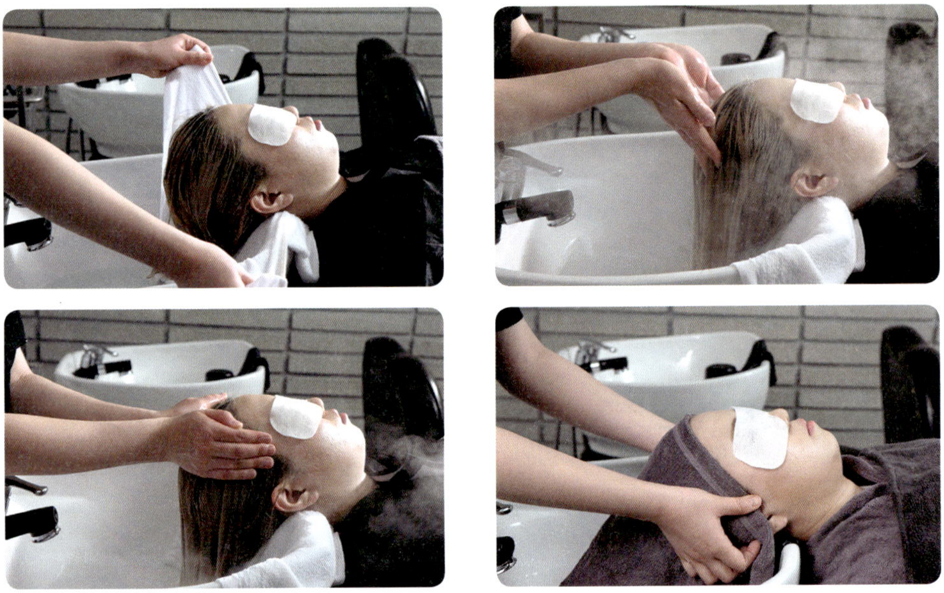

▶ 타월을 풀어 내리고 샴푸도기에 받아진 물을 두상 전체에 끼얹어 준 후에 깨끗이 헹구고 타월 드라이 한다.

부록 1

국가직무능력표준
(NCS, national compency standards)

1. 두피모발 관리

분류번호 : 1201010112_17v4
능력단위 명칭 : 두피 · 모발 관리
능력단위 정의 : 두피 · 모발관리란 고객의 두피 · 모발상태를 분석한 후 그 결과에 따라 기기와 제품을 선택하여 두피와 모발을 건강하게 관리하는 능력이다.

능력단위요소	수행준거
1201010112_17v4.1 두피 · 모발관리 준비하기	1.1 두피 · 모발 관리에 필요한 기기와 도구 및 재료를 준비할 수 있다. 1.2 문진, 시진, 촉진 등으로 분석한 두피 · 모발 상태에 대해 고객과 상담할 수 있다. 1.3 두피 · 모발 분석내용을 고객관리 차트에 기록할 수 있다.
	【지식】 • 두피 · 모발 생리에 관한 지식 • 두피 · 모발 측정기 사용법 • 두피 · 모발 유형별 특징에 대한 지식
	【기술】 • 두피 · 모발 상태 분석 능력 • 두피 · 모발 측정기 사용 기술 • 고객관리 차트 작성 능력 • 고객 상담 기술
	【태도】 • 정확한 두피 · 모발 분석을 위해 노력하는 자세 • 사용기기를 청결하게 관리하는 자세 • 고객에게 신뢰감을 주는 태도

능력단위요소	수행준거
1201010112_17v4.2 두피관리하기	2.1 두피 분석 결과에 따라 관리방법을 선택할 수 있다. 2.2 두피 상태에 따라 관리에 필요한 기기, 기구, 제품을 선택하여 사용할 수 있다. 2.3 두피를 샴푸, 스케일링, 두피매니플레이션, 팩, 앰플 등으로 관리할 수 있다.
	【지식】 • 두피관리 제품의 특성과 사용법에 관한 지식 • 두피관리에 사용되는 기기와 기구의 특성과 사용법에 관한 지식 • 두피유형에 따른 스케일링, 두피 매니플레이션의 효과에 관한 지식 • 건강한 두피관리를 위한 영양소와 생활습관에 관한 지식 • 아로마 테라피에 관한 지식
	【기술】 • 두피유형과 두피관리 제품 특성별 서비스 능력 • 두피 유형과 두피관리 기기의 활용 능력 • 스케일링과 두피 매니플레이션 기술
	【태도】 • 사용기기를 청결하게 관리하는 자세 • 고객에게 신뢰감을 주는 태도 • 고객 만족을 위해 노력하는 자세
1201010112_17v4.3 모발관리하기	3.1 모발 분석에 따라 관리 방법을 계획할 수 있다. 3.2 모발 상태에 따라 관리에 필요한 기기, 기구, 제품을 선택하여 사용할 수 있다. 3.3 모발을 샴푸, 팩, 앰플 등으로 관리할 수 있다.
	【지식】 • 모발관리 제품의 특성과 사용법에 관한 지식 • 모발관리에 사용되는 기기와 기구의 특성과 사용법에 관한 지식 • 헤어트리트먼트와 팩의 효과에 관한 지식 • 건강한 모발관리를 위한 영양소와 생활습관에 관한 정보 • 아로마 테라피에 관한 지식
	【기술】 • 모발상태와 관리 제품의 특성별 서비스 능력 • 모발상태와 사용 기기의 활용 능력 • 헤어트리트먼트 제품 도포 기술

능력단위요소	수행준거
1201010112_17v4.3 모발관리하기	【태도】 • 사용기기를 청결하게 관리하는 자세 • 고객에게 신뢰감을 주는 태도 • 고객 만족을 위해 노력하는 자세
1201010112_17v4.4 두피 · 모발관리 마무리하기	4.1 두피 · 모발 진단기를 사용하여 관리 전 · 후의 변화를 비교하여 고객에게 설명할 수 있다. 4.2 건강한 두피 · 모발상태 유지를 위한 홈 케어 방법을 고객에게 설명할 수 있다. 4.3 두피 · 모발 관리내용을 고객관리 차트에 기록할 수 있다.
	【지식】 • 헤어스타일 연출 제품 사용에 대한 지식 • 홈케어 방법에 대한 지식
	【기술】 • 분석기기 사용 기술 • 서비스 전 · 후 차이를 판단하는 능력
	【태도】 • 사용기기를 청결하게 관리하는 자세 • 고객에게 신뢰감을 주는 태도 • 고객에게 홈케어 방법을 친절하게 설명하는 태도

[적용범위 및 작업상황]

(1) 고려사항

- 고객의 상황을 충분히 공감하고 심리적으로 안정감을 취할 수 있도록 배려하는 자세가 중요하다.
- 고객의 심리적 안정과 사생활 보호를 위해 가급적 일반 헤어 서비스 고객과 구분된 공간 확보를 권장한다.
- 고객에게 신뢰감을 주기위해 전문적인 상담기법을 익히어 응대한다.
- 식이요법, 향기요법, 특이체질에 관한 지식 등을 습득하여 관리 시 참고한다.
- 시진으로 두피 · 모발 분석을 하는 것은 눈으로 직접 보고 분석했다는 것을 의미하며, 문진은 고객에게 식생활 및 생활패턴에 대한 질문을 통해 분석했다는 것을 의미한다. 또한, 촉진이란 고객의 모발과 두피를 직접 문질러 보거나 만져 보고

분석했다는 것을 의미한다.

- 두피 · 모발 관리에 사용하는 기기로는 분석기, 확대경, 현미경, pH측정기, 유 · 수분 측정기, 적외선기, 헤어미스트기, 헤드스파기, 히팅캡, 진동기 등이 있으며, 고객의 두피모발상태나 고객이 선택하는 관리과정에 따라 선정하여 사용한다.
- 분석 결과 치료를 요하는 경우에는 고객에게 전문의사와의 상담을 권한다.
- 고객의 만족도와 서비스의 완성도 향상을 위해 메이크업, 매니큐어, 눈썹 손질 등의 부가 서비스를 제공할 수 있다.

(2) 자료 및 관련 서류

- 두피 · 모발 관련 서적
- 상담을 위한 두피 · 모발 유형별 사진자료
- 사용 제품과 기기의 설명서
- 고객관리 차트

(3) 장비 및 도구

- 거울과 의자
- 두피 · 모발 진단기
- 헤어미스트기 또는 가온기
- 샴푸대와 의자

재료

- 관리제품 일체(팩제, 스케일링제, 에센스, 트리트먼트제 등)
- 관리도구 일체(면봉, 우드스틱, 브러시, 용기 등)
- 아로마 에센셜 오일
- 어깨보, 가운, 타월
- 샴푸제, 트리트먼트제

[평가지침]

(1) 평가방법

- 평가자는 능력단위 두피 · 모발 관리의 수행준거에 제시되어 있는 내용을 평가하기 위해 이론과 실기를 나누어 평가하거나 종합적인 결과물의 평가 등 다양한 평가 방법을 사용할 수 있다.

• 피평가자의 과정평가 및 결과평가 방법

평가방법	평가유형	
	과정평가	결과평가
A. 포트폴리오		
B. 문제해결 시나리오	√	√
C. 서술형 시험		
D. 논술형 시험		
E. 사례연구		√
F. 평가자 질문	√	√
G. 평가자 체크리스트		
H. 피평가자 체크리스트	√	√
I. 일지/저널		
J. 역할연기		
K. 구두발표	√	
L. 작업장평가	√	√
M. 기타		

(2) 평가시 고려사항

• 수행준거에 제시되어 있는 내용을 성공적으로 수행할 수 있는지를 평가해야 한다.

• 평가자는 다음 사항을 평가해야 한다.
  - 수행준거에 따른 지식 · 기술 · 태도의 습득 능력
  - 두피와 모발의 유형을 구별할 수 있는 능력
  - 두피와 모발의 유형에 따른 서비스 기술
  - 두피 · 모발 관리에 필요한 기기와 기구 사용 능력
  - 고객에게 두피와 모발의 상태 및 홈케어 관리법을 설명할 수 있는 능력

[직업기초능력]

순번	직업기초능력	
	주요영역	하위영역
1	의사소통능력	경청 능력, 문서이해 능력, 문서작성 능력, 의사표현 능력
2	자원관리능력	물적자원관리 능력, 시간자원관리 능력, 예산자원관리 능력, 인적자원관리 능력
3	대인관계능력	갈등관리 능력, 고객 서비스 능력, 리더십 능력, 팀워크 능력, 협상 능력
4	정보능력	정보처리 능력, 컴퓨터 활용 능력
5	기술능력	기술선택 능력, 기술이해 능력, 기술적용 능력

[개발이력]

구분		내용
직무명칭(능력단위명)		헤어 미용(두피 · 모발 관리)
분류번호	현재	1201010112_17v4
개발 연도	현재	2017
	2차	2016
	최초(1차)	2014
버전 번호		v4
개발기관	현재	(사)대한미용사회
	2차	
	최초(1차)	
향후 보완 연도(예정)		–

2. 헤드 스파 케어

분류번호 : 1201010140_17v4
능력단위 명칭 : 헤드 스파 케어
능력단위 정의 : 헤드 스파 케어란 헤어 케어 제품과 기기를 사용하여 고객의 두피와 모발을 관리하고 심신의 안정과 휴식을 통해 스트레스 해소하여 자연치유력을 높이는 능력이다.

능력단위요소	수행준거
1201010140_17v4.1 헤드 스파 케어 준비하기	1.1 고객 상담 및 두피 · 모발 분석을 통해 헤드 스파 케어 방법을 계획할 수 있다. 1.2 헤드 스파 케어에 필요한 기기, 도구, 제품을 준비할 수 있다. 1.3 고객의 긴장을 풀어주기 위해 다양한 아로마 오일을 준비할 수 있다. 1.4 고객이 편안함을 느낄 수 있도록 조명과 실내온도를 조절할 수 있다.
	【지식】 • 헤드 스파 케어에 필요한 기기 및 도구에 관한 지식 • 아로마 요법에 관한 지식 • 헤어 케어 제품 사용에 관한 지식 • 헤드 스파 케어 공간 조성방법 • 헤드 스파 케어 상담에 필요한 지식
	【기술】 • 헤드 스파 케어에 필요한 기기 및 도구 사용 기술 • 아로마 오일 사용 능력 • 헤어 케어 제품을 선택하여 사용하는 능력 • 고객 상담 능력
	【태도】 • 고객에게 편안함을 주기 위해 노력하는 자세 • 서비스에 필요한 기기 및 도구를 준비하는 자세 • 위생과 안전을 위해 노력하는 자세 • 고객에게 신뢰감을 주는 태도

능력단위요소	수행준거
1201010140_17v4.2 헤드 스파 케어 실행하기	2.1 두피 · 모발 분석 및 상담 결과에 따라 기기를 선정할 수 있다. 2.2 두피 · 모발 분석 및 상담 결과에 따라 헤어 케어 제품을 선정할 수 있다. 2.3 헤드 스파 케어 효과를 높이기 위해 스케일링, 두피 매니플레이션, 팩 등을 할 수 있다.
	【지식】 • 두피유형 별 스케일링 제품에 관한 지식 • 모발에 따른 팩과 앰플 사용에 대한 지식 • 헤드 스파 방법에 관한 지식 • 아로마 요법에 대한 지식 • 헤드 스파케어에 필요한 기기 및 도구 사용에 관한 지식
	【기술】 • 헤어 케어 제품 사용 능력 • 헤드 스파 케어 기술 • 헤드 스파기기 및 도구 사용 기술 • 고객과 상담하는 능력
	【태도】 • 헤드 스파 기기와 도구를 청결하게 관리하는 자세 • 고객에게 신뢰감과 편안함을 주는 태도 • 고객의 불편한 사항을 수시로 점검하는 자세
1201010140_17v4.3 헤드 스파 케어 마무리하기	3.1 마무리 세척 후 두피와 모발상태에 따라 앰플 등의 케어 제품을 도포할 수 있다. 3.2 헤어스타일 연출을 위해 모발의 수분함량을 조절하여 건조할 수 있다. 3.3 헤어스타일링 제품을 사용하여 마무리할 수 있다. 3.4 고객에게 필요한 홈케어 방법과 제품을 안내할 수 있다.
	【지식】 • 헤어 케어 제품에 관한 지식 • 헤어스타일링 제품에 관한 지식 • 홈 케어 제품에 관한 지식

능력단위요소	수행준거
1201010140_17v4.3 헤드 스파 케어 마무리하기	【기술】 • 헤어 케어 제품 사용 능력 • 헤어스타일링 제품 사용 능력 • 홈 케어 제품 추천 능력 • 고객 커뮤니케이션 능력
	【태도】 • 사용기기와 도구를 청결하게 관리하는 자세 • 고객에게 신뢰감을 주는 태도 • 지속적으로 학습하는 노력 • 홈 케어에 대해 친절하게 설명하는 자세

[적용범위 및 작업상황]

(1) 고려사항

• 고객의 상황을 충분히 공감하고 심리적으로 안정감을 느끼도록 배려한다.
• 고객의 심리적 안정을 위해 독립된 공간 확보를 권장한다.
• 고객에게 신뢰감을 주기위해 전문적인 상담기법을 활용한다.
• 아로마 사용 시 알레르기 이상 유무를 확인한다.

(2) 자료 및 관련 서류

• 아로마 요법에 관한 자료
• 사용 제품 설명서
• 고객관리 차트

(3) 장비 및 도구

• 거울과 의자
• 헤어 미스트기, 가온기
• 헤드스파기
• 샴푸대와 의자

(4) 재료

• 헤어 케어 제품(팩, 스케일링, 에센스, 트리트먼트제 등)

- 관리도구 일체(면봉, 우드스틱, 브러시 등)
- 아로마 에센셜 오일
- 어깨보, 가운, 타월 등
- 샴푸제, 트리트먼트제

[평가지침]

(1) 평가방법

- 평가자는 능력단위 헤드 스파 케어의 수행준거에 제시되어 있는 내용을 평가하기 위해 이론과 실기를 나누어 평가하거나 종합적인 결과물의 평가 등 다양한 평가 방법을 사용할 수 있다.
- 피평가자의 과정평가 및 결과평가 방법

평가방법	평가유형	
	과정평가	결과평가
A. 포트폴리오		
B. 문제해결 시나리오		
C. 서술형 시험	√	√
D. 논술형 시험		
E. 사례연구		
F. 평가자 질문	√	√
G. 평가자 체크리스트		
H. 피평가자 체크리스트	√	√
I. 일지/저널		
J. 역할연기		
K. 구두발표	√	√
L. 작업장평가	√	√
M. 기타		

(2) 평가시 고려사항

- 수행준거에 제시되어 있는 내용을 성공적으로 수행할 수 있는지를 평가해야 한다.

• 평가자는 다음 사항을 평가해야 한다.
  - 수행준거에 따른 지식 · 기술 · 태도의 습득 능력
  - 두피와 모발의 유형을 구별할 수 있는 능력
  - 헤드 스파 케어 서비스 기술
  - 헤드 스파 케어 기기와 도구사용 능력
  - 홈 케어 관리법을 설명하고 제품을 추천할 수 있는 능력

[직업기초능력]

순번	작업기초능력	
	주요영역	하위영역
1	의사소통능력	경청 능력, 기초외국어 능력, 문서이해 능력, 의사표현 능력
2	수리능력	기초연산 능력
3	문제해결능력	문제처리 능력, 사고력
4	자원관리능력	물적자원관리 능력, 시간자원관리 능력, 예산자원관리 능력
5	대인관계능력	갈등관리 능력, 고객 서비스 능력, 협상 능력

[개발이력]

구분		내용
직무명칭(능력단위명)		헤어 미용(헤드 스파 케어)
분류번호	현재	1201010140_17v4
개발 연도	현재	2017
	2차	2016
	최초(1차)	2014
버전 번호		v4
개발기관	현재	(사)대한미용사회
	2차	
	최초(1차)	
향후 보완 연도(예정)		–

3. 헤어 샴푸

분류번호 : 1201010118_17v4
능력단위 명칭 : 헤어 샴푸
능력단위 정의 : 헤어 샴푸란 고객의 두피 · 모발 상태에 따라 적합한 샴푸제와 트리트먼트제를 선택하여 샴푸 기술을 사용하여 세정하는 능력이다.

능력단위요소	수행준거
1201010118_17v4.1 헤어샴푸하기	1.1 고객의 편의를 위해 가운 및 무릎 덮개, 어깨 타월을 착용해 주고 좌식 또는 와식 샴푸를 할 수 있다. 1.2 엉킨 모발의 정돈과 이물질 제거를 위해 사전 브러시를 할 수 있다. 1.3 고객이 불편하지 않도록 샴푸대의 높이와 수온 및 수압을 조절할 수 있다. 1.4 얼굴에 물이 튀지 않도록 모발에 물길을 만들어 모발을 충분하게 물에 적실 수 있다. 1.5 모발 길이 및 모량에 따라 적당량의 샴푸제를 사용하여 두피 매니플레이션을 할 수 있다. 1.6 샴푸 성분이 남지 않도록 페이스 라인, 귀, 모발, 두피 등을 충분하게 헹굴 수 있다.
	【지식】 • 좌식 및 와식 샴푸 방법 • 사전 브러시 방법 • 샴푸대 사용방법 • 적정 수온과 수압에 관한 이해 • 샴푸의 성분과 작용원리 • 두피와 모발 유형에 적합한 샴푸제 선택방법 • 두피 매니플레이션 방법
	【기술】 • 좌식 및 와식 샴푸 능력 • 사전 브러싱 기술 • 샴푸대 사용능력 • 수온과 수압 조절 능력 • 두피와 모발에 따른 샴푸제 선택 능력

능력단위요소	수행준거
1201010118_17v4.1 헤어샴푸하기	• 사용목적에 따른 샴푸제 선택 능력 • 고객 응대 능력 • 두피 매니플레이션 기술
	【태도】 • 고객의 두피 · 모발 상태를 정확하게 판단하려는 자세 • 고객에게 어깨보 · 무릎덮개를 조심스럽게 착용시키는 태도 • 고객의 얼굴 · 옷 등에 물이 튀지 않도록 주의하는 태도 • 미용 서비스 과정 중 고객의 불편한 사항을 수시로 점검하는 자세
1201010118_17v4.2 헤어트리트먼트하기	2.1 샴푸 후 두피 · 모발 상태를 파악하여 모발을 트리트먼트를 할 수 있다. 2.2 트리트먼트제를 모발에 도포한 후 두피 지압과 매니플레이션을 할 수 있다. 2.3 트리트먼트제가 페이스 라인, 귀, 두피 등에 남지 않도록 충분하게 헹굴 수 있다. 2.4 타월로 모발의 물기를 제거한 후 두상을 타월로 감쌀 수 있다. 2.5 샴푸대 및 주변을 깨끗하게 정리한 후 고객을 서비스 공간으로 안내할 수 있다.
	【지식】 • 두피 지압 및 매니플레이션의 효과에 관한 지식 • 두피 · 모발 유형에 관한 지식 • 서비스 목적에 적합한 트리트먼트 방법 • 타월 드라이 방법
	【기술】 • 두피 지압과 매니플레이션 기술 • 트리트먼트 기술 • 타월 드라이와 타월 밴딩 기술
	【태도】 • 고객의 얼굴 · 옷 등에 물이 튀지 않도록 주의하는 태도 • 미용 서비스 과정 중 고객의 불편한 사항을 수시로 점검하는 자세

[적용범위 및 작업상황]

(1) 고려사항

- 샴푸제는 정량을 사용하여 수질오염과 샴푸제 낭비를 최소화하도록 한다.
- 샴푸 시 수온은 38~40℃가 적절하며 고객의 체형에 맞춰서 샴푸대를 조절하고, 의복이 젖지 않도록 가운이나 어깨보 또는 타월 등을 착용시킨다.
- 샴푸하는 동안 의복이나 얼굴 등에 물이 튀지 않도록 주의하고 샴푸 후 충분하게 헹궈 준다.
- 타월 드라이 시 젖은 머리카락이 얼굴에 흘러내리지 않도록 타월로 충분하게 두상을 감싸며 모발의 물기를 제거한다.
- 샴푸 후 이동 시, 두상을 감싸고 있는 타월이 풀리지 않게 단단하게 고정해야 한다.
- 타월 드라이 후 고객의 두상, 목, 어깨를 가볍게 두드려서 샴푸의 만족감을 높이도록 한다.
- 샴푸 시 분실 우려가 있는 고객의 귀걸이나 헤어핀 등은 샴푸 전에 별도 보관하도록 한다.
- 샴푸 시 고객과의 신체적 접촉에 유의하며 일정거리를 유지하도록 한다.
- 고객에게 안정감을 줄 수 있도록 샴푸실의 소음, 조명, 미용사의 체취 등에 특별히 주의한다.

(2) 자료 및 관련 서류

- 두피 · 모발 관련 서적
- 샴푸제의 성분과 효능 및 사용 설명서
- 샴푸대와 온수기 사용 설명서

(3) 장비 및 도구

- 거울과 의자
- 헤어 미스트기, 가온기
- 헤드스파기
- 샴푸대와 의자

(4) 재료

- 두피와 모발 타입별 샴푸제와 트리트먼트제

• 샴푸용 얼굴가리개, 어깨보, 무릎덮개, 타월 등

[평가지침]

(1) 평가방법

• 평가자는 능력단위 헤어샴푸의 수행준거에 제시되어 있는 내용을 평가하기 위해 이론과 실기를 나누어 평가하거나 종합적인 결과물의 평가 등 다양한 평가 방법을 사용할 수 있다.

• 피평가자의 과정평가 및 결과평가 방법

평가방법	평가유형	
	과정평가	결과평가
A. 포트폴리오		
B. 문제해결 시나리오		
C. 서술형 시험	√	√
D. 논술형 시험		
E. 사례연구		
F. 평가자 질문	√	√
G. 평가자 체크리스트		
H. 피평가자 체크리스트	√	√
I. 일지/저널		
J. 역할연기		
K. 구두발표		
L. 작업장평가	√	√
M. 기타	√	√

(2) 평가시 고려사항

• 수행준거에 제시되어 있는 내용을 성공적으로 수행할 수 있는지를 평가해야 한다.

• 평가자는 다음 사항을 평가해야 한다.

– 수행준거에 따른 지식 · 기술 · 태도의 습득 능력

– 두피 · 모발 유형 및 사용 목적에 따른 샴푸제 선정과 샴푸 테크닉의 적절성

- 샴푸 종료 후 샴푸제 잔류여부 확인과 타월밴드의 고정여부
- 샴푸의 전 과정에서 고객을 배려하는 태도
- 샴푸대 및 샴푸실 주변 정리 · 정돈 상태

[직업기초능력]

순번	직업기초능력	
	주요영역	하위영역
1	의사소통능력	의사표현 능력
2	대인관계능력	고객 서비스 능력
3	기술능력	기술이해 능력
4	직업윤리	공동체윤리, 근로윤리

[개발이력]

구분		내용
직무명칭(능력단위명)		헤어미용(헤어샴푸)
분류번호	현재	1201010118_17v4
개발 연도	현재	2017
	2차	2016
	최초(1차)	2014
버전 번호		v4
개발기관	현재	(사)대한미용사회
	2차	
	최초(1차)	
향후 보완 연도(예정)		–

부록 2

천연 유래 성분

삼푸 & 트리트먼트

자료 출처: 트리아밀리아 브랜드 북

POST PLUVIA

포스트 플루비아 : 지성 두피용 샴푸

두피, 모발의 노폐물, 각질을 딥클렌징 해주고,
가려움과 같은 트러블성 두피 환경 개선에 도움을 주는
두피 스케일링 샴푸.

사용법 : 미온수로 두피와 모발을 충분히 적시고 적당량을 덜어 거품을 내고 두피와 모발에 도포 후, 다시 미온수로 충분히 헹구어 낸다.

✔ 모링가씨, 토탄수 성분이 두피, 모발 딥클렌징

노폐물 배출에 효과가 좋은 모링가씨 추출물, 토탄수 성분이 두피에 쌓인 피지, 노폐물, 각질 등을 딥클렌징 하는데 도움을 준다.

✔ Black Food Complex, 쿨링 성분이 트러블성 두피 환경 개선

Black Food Complex가 두피 트러블 진정&영양을 공급하고, 쿨링 성분이 두피에 쿨링감을 주어 가려움 완화에 도움을 준다.

✔ 인공색소 Free, 실리콘 Free, 화학적 계면활성제 Free

두피에 자극이 될 수 있는 인공색소, 실리콘, 화학적 계면활성제와 같은 유해 성분들은 배제하고, 천연유래 계면활성제를 사용하여 두피에 마일드하게 작용한다.

컨셉 원료 요약

모링가씨 추출물
딥클렌징

Black Food Complex
검은귀리, 퀴노아씨, 검정콩, 흑미, 검은깨
트러블성 두피 진정
두피/모발에 수분, 영양 공급

토탄수
딥클렌징

Menthol
두피 쿨링

컨셉 원료

모링가 씨앗 추출물

모링가 나무의 씨앗 추출물은 두피 각질 완화에 매우 효과적이며,
두피 및 모발에 영양을 공급함.

모링가 씨앗의 '흙' 흡착 과정

1분 경과

→

12시간 경과

모링가 씨앗의 '(초)미세먼지' 및 중금속 흡착 과정

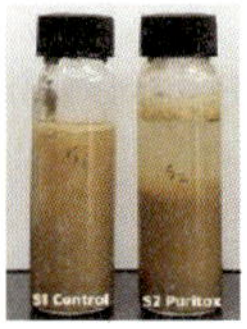

2시간 30분 경과

→

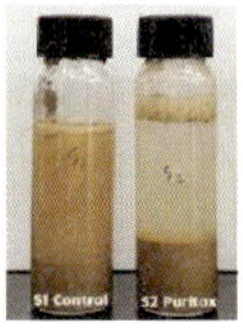

5시간 경과

→

10시간 경과

토탄수

토탄수는 노폐물을 흡착하는 기능을 보유함.
더불어 피부에 보습감을 부여하며, **두피 탄력에 매우 효과적인 성분임.**

Black Food Complex

검정콩, 검은 귀리, 흑미, 검은 깨, 귀노아씨추출물의 혼합물로,
두피 염증을 진정시키고, 모발에 영양을 공급함.

VERE PLUVIA

베레 플루비아 : 민감성 두피용 샴푸

외부 환경에 쉽게 자극 받는 민감성 두피를 편안하게
진정시키고, 수분과 영양을 공급하는 민감성 두피용 샴푸.

사용법 : 미온수로 두피와 모발을 충분히 적시고 적당량을 덜어 거품을
내고 두피와 모발에 도포 후, 다시 미온수로 충분히 헹구어 낸다.

✔ 특허 받은 천연유래 복합물이 두피 진정 및 수분, 영양 공급

특허 받은 제주아기감귤 추출물, Phyto Calming Complex가
자극 받은 두피와 모발을 편안하게 진정시키고, 수분과 영양을 공급한다.

✔ 천연유래 계면활성제를 적용해 마일드하지만, 풍성한 거품 생성

화학적 계면활성제 대신 천연유래 계면활성제를 사용하여 두피에 마일드하게
작용하고, 풍성하고 탄력 있는 거품이 노폐물을 제거하는데 도움을 준다.

✔ 인공색소 Free, 실리콘 Free

두피에 자극이 될 수 있는 인공색소, 실리콘과 같은 유해 성분들을 배제해
민감한 두피에 순하게 작용하고, 두피를 건강하게 가꾸는데 도움을 준다.

컨셉 원료 요약

제주아기감귤 추출물
[특허 제10-1567633호]
두피 진정

Phyto Calming Complex
녹차, 병풀, 황금, 마트리카리아꽃,
스페인감초뿌리, 호장근뿌리, 로즈마리잎
두피/모발에 수분, 영양 공급

7가지 천연 식물 복합체
[특허 제10-0812596호]

컨셉 원료

아기감귤 추출물

[특허 등록 번호 : 10-1567633호]

아기감귤 추출물은 아토피 치료에도 효과적으로 활용되며,
염증에 관여한 에오탁신-1의 발현을 억제시킴.
이를 통해 **두피 염증과 가려움증을 완화시키며,
두피 장벽 개선에 대한 효과를 입증함.**

Phyto Calming Complex

[특허 등록 번호 : 10-0812596호]

로즈마리, 캐모마일, 녹차, 병출, 감초, 호장근, 황금 추출물 등
7가지 천연 식물을 배합한 복합물로,
세포 독성 없이 강한 항염 및 진정에 효과적이며,
두피 장벽을 강화함으로써 손상된 두피를 보호함.

특허 받은 '아기감귤 추출물'과 '7가지 Phyto Calming Complex'의 효능 요약

자극 받은 두피에 대한 진정 효과	두피 염증 및 가려움증 완화	손상된 두피의 장벽 강화 효과	약산성 성분으로, ph5.5인 모발의 유수분 밸런스 유지

ANCHORM
앙코름 : 모근 개선 샴푸

힘없고 약해진 두피, 모발 환경을 건강하게 관리해
모근 개선에 도움을 주는 샴푸.

사용법 : 미온수로 두피와 모발을 충분히 적시고 적당량을 덜어 거품을 내고 두피와 모발에 도포 후, 다시 미온수로 충분히 헹구어 낸다.

✔ 특허 받은 천연유래 복합물이 모근, 모발에 활력 제공

주아나무껍질 추출물이 약해진 두피 환경을 건강하게 개선하는데 도움을 주고, 특허 받은 Red Berry Complex의 풍부한 비타민 성분들이 모근과 모발에 활력을 선사하는데 도움을 준다.

✔ 천연유래 계면활성제를 적용해 마일드하지만, 풍성한 거품 생성

화학적 계면활성제 대신 천연유래 계면활성제를 사용하여 두피에 마일드하게 작용하고, 풍성하고 탄력 있는 거품이 노폐물을 제거하는데 도움을 준다.

✔ 인공색소 Free, 실리콘 Free, 화학적 계면활성제 Free

두피와 모발에 자극이 될 수 있는 인공색소, 실리콘과 같은 유해 성분들을 배제하고, 천연유래 계면활성제를 사용하여 두피와 모발에 마일드하게 작용한다.

컨셉 원료 요약

주아나무껍질 추출물
두피 환경 개선

Red Berry Complex
불가리스매자뿌리, 비치스트로베리,
구기자, 검은뽕나무열매
두피 보호, 모발 활력, 영양 공급

컨셉 원료

Red Berry Complex

원료명 : Varrier™ [특허 등록 번호 : 10-1387081호]

모낭재생에 관여하는 성장인자 IGF-1분비를 촉진시키며,
모낭재생을 억제시키는 성장인자 TGH-beta-1 발현을
억제시킴으로써, **우수한 발모 촉진 효과를 유도함.**

발모효과 검증 결과

Red Berry Complex 적용 후, 모발 세포증식이 활성화되며, 육모에 효과적인 점이 검증됨.

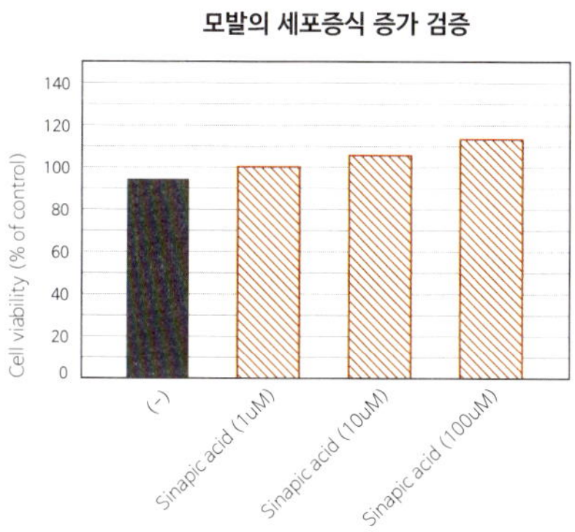

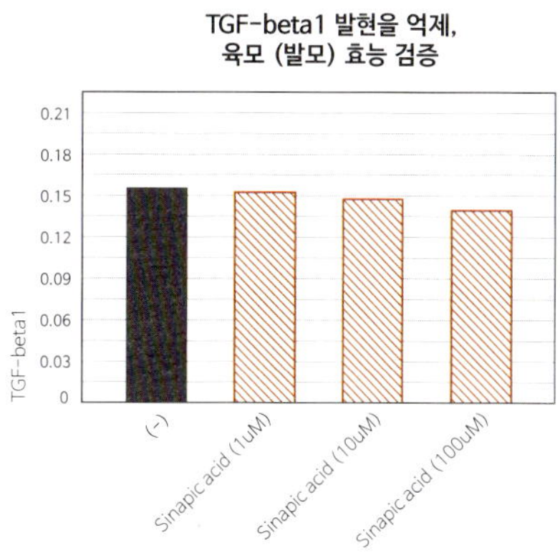

주아나무 껍질 추출물

원료명 : DANDRILYS [Frost&Sullivan 혁신상 수여]

브라질의 전통적인 약재로 사포닌을 다량 함유하여
피부 장벽 개선 및 세포 재생 활동의 정상화 및 두피 진정 작용을
촉진, **두피의 건강한 외형 회복에 효과적이며,**
더불어 가려움 방지 및 피지 분비 조절, 비듬 개선에 탁월.

NUBES ALBA

누베스 알바 : 펌 모발 영양 공급 샴푸

열 펌으로 손상된 모발에 영양을 공급하고,
펌 모발을 탄탄하고 건강하게 유지시켜주는
펌 모발용 영양 샴푸.

사용법 : 미온수로 두피와 모발을 충분히 적시고 적당량을 덜어 거품을 내고 두피와 모발에 도포 후, 다시 미온수로 충분히 헹구어 낸다.

✔ 모발 건강에 도움을 주는 Protein Complex

Protein Complex (하이드롤라이즈드쌀, 밀, 콩, 실크, 우유, 엘라스틴)가 손상된 모발에 영양과 활력감을 공급해 펌 모발을 탄탄하게 유지하는데 도움을 준다.

✔ 천연유래 복합 성분이 펌 모발을 건강하게 유지

Heat Protection Complex가 열 손상으로부터 모발을 보호해주며
Firming Complex가 손상된 모발에 보습과 윤기를 공급해 펌 모발을 건강하게 유지하는데 도움을 준다.

✔ 인공색소/인공향료/실리콘/화학적 계면활성제 Free

두피에 자극이 될 수 있는 인공색소, 실리콘, 화학적 계면활성제와 같은 유해 성분들은 배제하고, 천연유래 계면활성제를 사용하여 두피에 마일드하게 작용하는데 도움을 준다.

컨셉 원료 요약

Heat Protection Complex
시카카이열매 (두피컨디셔닝),
코코넛야자오일, 타마린드열매
열로부터 모발 보호

Firming Complex
동백나무씨오일, 동백나무꽃/씨,
피마자씨오일, 녹차씨오일
모발에 보습, 윤기 공급

Protein Complex
하이드롤라이즈드쌀/밀/콩단백질,
하이드롤라이즈드실크, 우유단백질,
하이드롤라이즈드엘라스틴
모발에 영양, 활력 공급

Firming Complex

원료명 : K-Oleo

피마자 (모발 보호), 녹차씨 (모발 섬유 빌더),
동백 오일 (모발 탄력 및 보호, 윤기),
동백꽃 추출물 / 동백씨 추출물 (항산화, 보습)이
열로 인해 손상된 모발과 모발의 탄력을 개선함.

열 손상을 받은 모발의 회복 효과 탁월.

모발 보습, 모발 윤기 개선 효과 탁월.

성분 처리 전/후 건조 중량으로 모발 보습 측정함.

고해상도 디지털 카메라로 모발 윤기 측정 결과, Firming Complex로 인해 모발 보습이 15%, 모발 윤기가 55% 증가함.

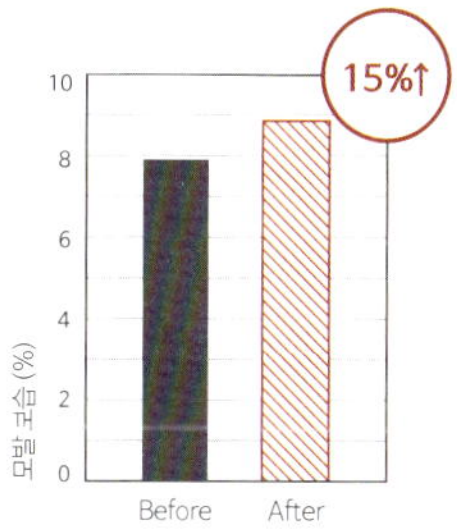

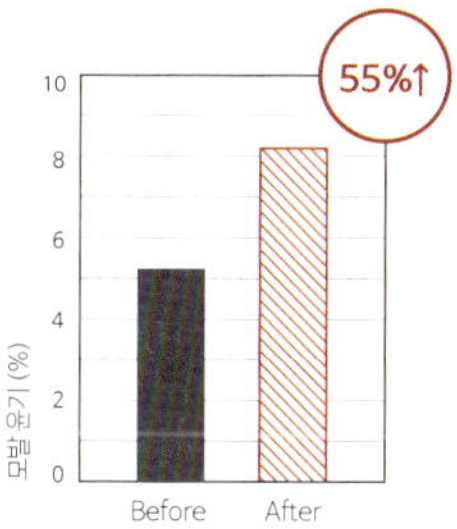

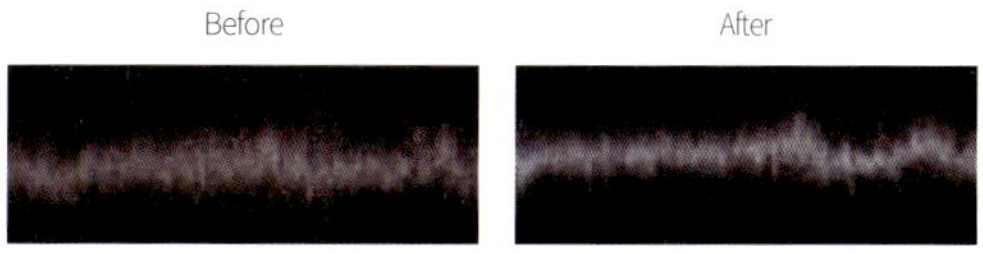

모발 강도(힘), 탄력, 끊어짐 개선 효과 탁월.

모발의 인장강도는 모발을 잡아당겨서 끊어질 때까지 견디는 힘을 의미함.

가늘거나 손상된 모발은 인장이 약하여 쉽게 끊이지는데, Firming Complex를 통한 보완이 가능한 점이 인증됨

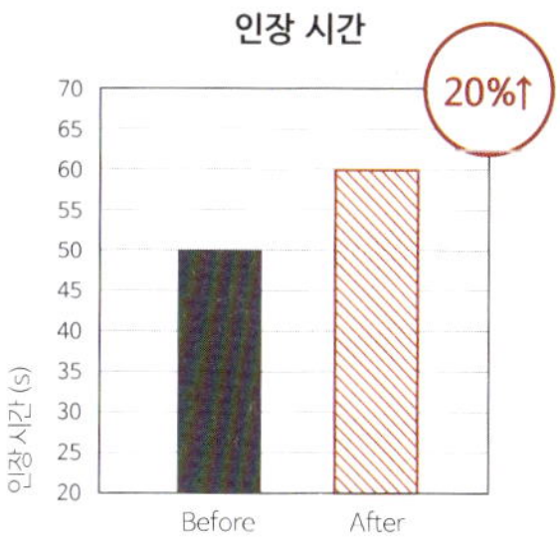

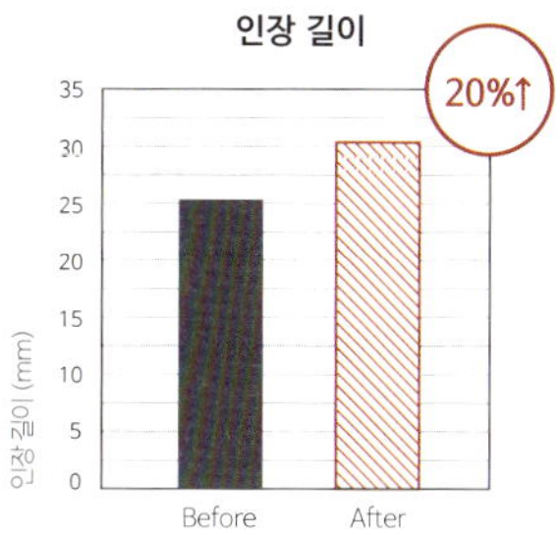

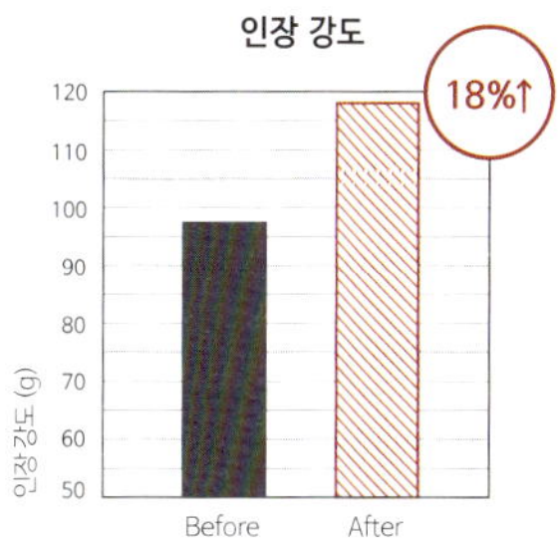

Heat Protection Complex

원료명 : Hair Oleobooster [특허 공정]

인디언 여성들이 모발보호 비법으로 사용해온 식물인
타마린드, 시카카이, 코코넛 오일 성분을 특허 받은
Green Process Oleo-eco 공정으로 추출한 오일 복합물로,
펌 시술로 상승된 온도를 낮춰주고, 모발의 보호력을 향상시킴.

입증된 열 보호 효과

모발에 Heat Protection Complex 적용 후 모발에 대한 열 실험 시,
모발에 열을 가한 직후 8.6도, 적용 1분 후에는 4.3도가 각각 감소하는 것으로 입증됨.

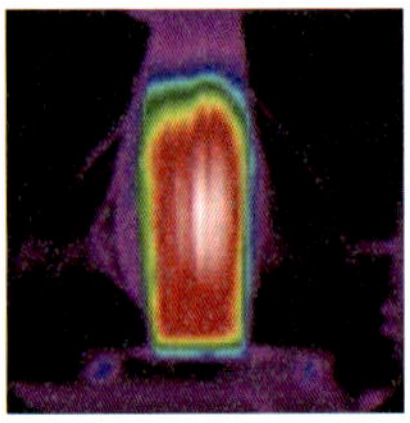

(1) 열을 가한 직후

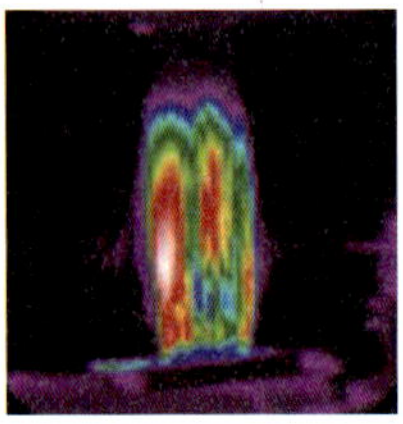

(2) 사용 1분 후

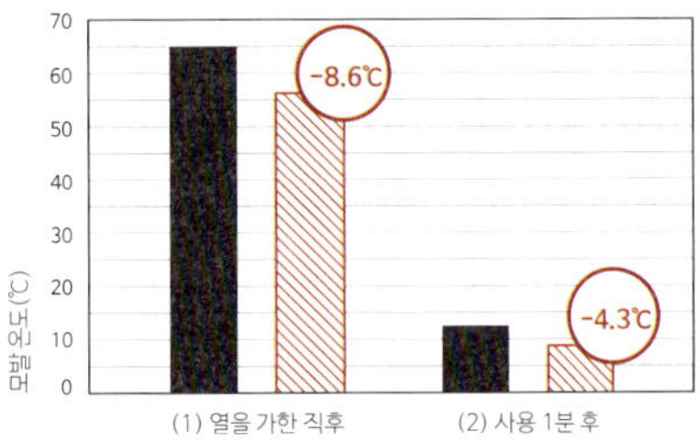

Protein Complex

각종 고농축 단백질 복합물을 첨가하여,
모발 내 손실된 모피질(Cortex)에 단백질을 보충해줌으로써,
모발의 강도와 탄력을 강화시킴.

ROSEA HABITU

로제아 하비투 : 염색 모발용 샴푸

염색 모발을 보호해 컬러를 선명하게 유지하는데 도움을 주고,
모발에 영양과 윤기를 선사하는 염색 모발 케어용 샴푸.

사용법 : 미온수로 두피와 모발을 충분히 적시고 적당량을 덜어 거품을 내고 두피와 모발에 도포 후, 다시 미온수로 충분히 헹구어 낸다.

✔ 특허 성분들이 변색 및 퇴색 요인으로부터 염색 모발 보호, 윤기 제공

특허 받은 Hair Complex와 Second Hair 성분이 염색 컬러의 변색 및 퇴색 요인인 물, UV, 유해환경 등으로부터 염색 모발의 컬러를 보호하고, 윤기 있는 머리결로 가꾸는데 도움을 준다.

✔ 완두콩 단백질이 손상된 염색 모발에 영양 공급

하이드롤라이즈드 완두콩 단백질이 염색으로 손상된 모발에 영양과 활력감을 선사하는데 도움을 준다.

✔ 인공색소/인공향료/실리콘/화학적 계면활성제 Free

두피와 모발에 자극이 될 수 있는 인공색소, 인공향료, 실리콘, 화학적 계면활성제와 같은 유해 성분들을 배제하고, 천연유래 계면활성제를 사용하여 두피를 보호하고, 염색 컬러를 유지하는데 도움을 준다.

컨셉 원료 요약

Hair Coating Complex
포도씨 추출물
염색 모발 보호, 윤기

Second Hair
바이오사카라이드검-4
모발 컬러 보호

하이드롤라이즈드 완두콩 단백질
모발 컨디셔닝, 영양 공급

Hair coating Complex

원료명 : GSP-T [유럽 특허 등록번호 : EP1197216]
[미국 특허 등록번호 : US6843984]

폴리페놀의 일종인 "Procyanidins"가 풍부한 Swiss Grape Seed 추출물과 천연 토코페롤(비타민 E)의 혼합물로, **강력한 항산화 효과를 보유함.**

자연산화와 외부 스트레스 등으로부터 모발을 보호하여, **염색 시술의 퇴색 및 변색을 방지함.**

염색 모발 보호 효과 입증 결과

모발 샘플을 세척 후 2.5%의 Hair Coating Complex를 적용함.
UV 건조, 2% 수용 SDS 또는 인공해수 처리, 헤어 드라이기 건조 10회 반복 후 헹군 물의 단백질 측정.

시간대별 염색 모발 보호 효과 결과

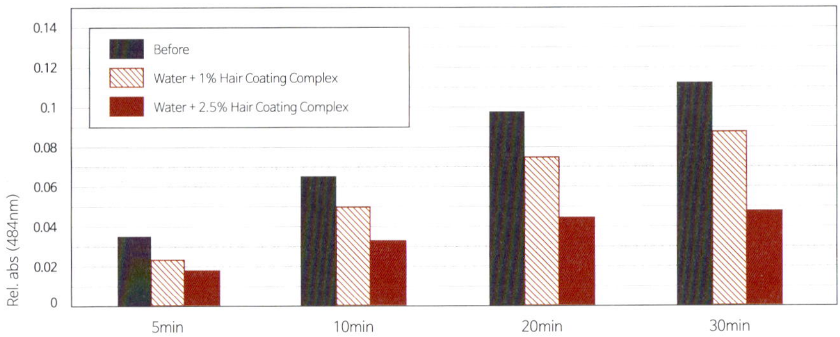

물 세정, UV로부터 모발 보호

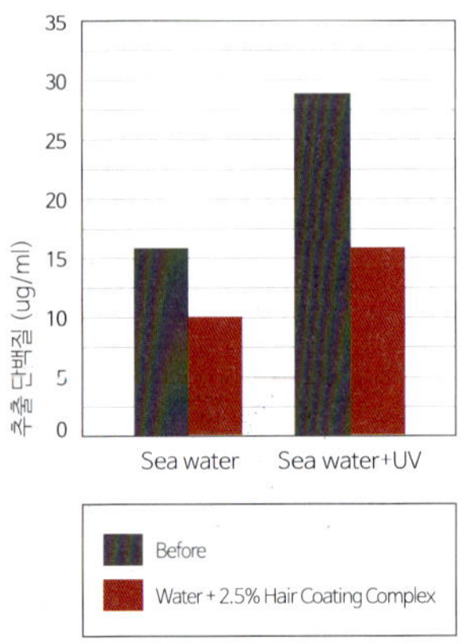

헤어드라이어에 의한 모발의 손상 억제

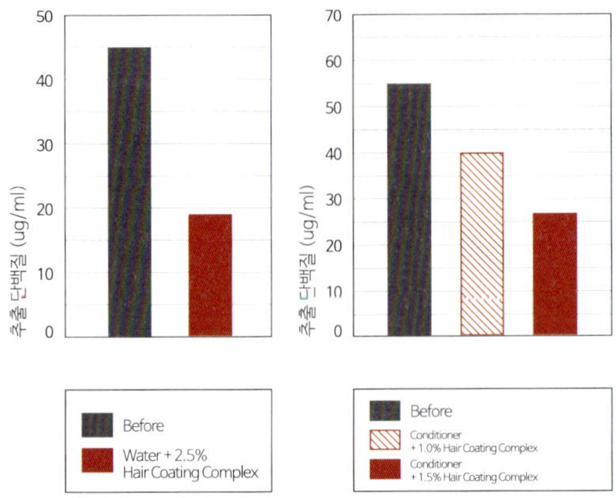

Hydrolyzed Pea Protein

완두콩 단백질의 가수분해물 성분으로, 염색으로 단백질이 손실된 모발에 단백질을 채워 **손상 모발 개선에 효과적임.** 더불어, 모발에 영양을 공급하고, 컨디셔닝 효과를 제공함.

Second Hair

원료명 : Glycofilm 1.5P [프랑스 특허 등록 번호 : FR837097]

Glycofilm 1.5P는 음이온 다당류로,
모발 보호막을 형성하는 Second Hair라고 속칭함.
UV로 인한 변색으로부터 염색 모발을 보호하며,
염색 시술로 인한 컬러를 선명하게, 오랫동안 지속시킴.

Glycofilm 1.5P

Anti-Free Radical 특징평가 Ex vivo 실험결과

머리카락에 Glycofilm 1.5P를 1% 적용시킨 후, 형광 라벨링을 하고 UV를 조사함.
발생된 Free Radical의 형광수치를 측정하니, 75%의 Anti-Free Radical 효과를 보임.
100도에서 3시간 건조 후, 치밀하고 단단한 막을 형성한 것을 확인 가능함.

현미경 100배 관찰 결과

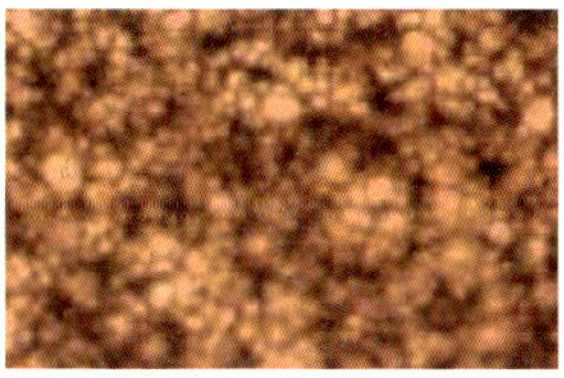

현미경 100배 관찰 결과

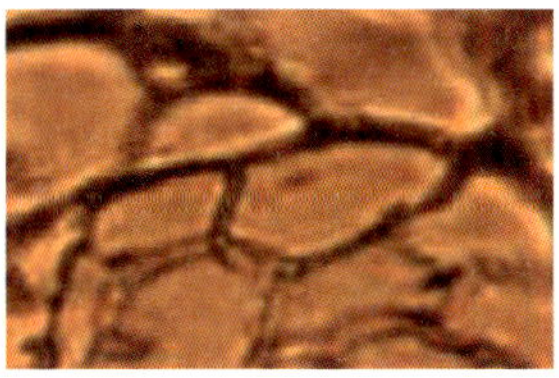

POST PLUVIA

포스트 플루비아 : 지성 두피용 트리트먼트

두피, 모발의 노폐물, 각질을 딥클렌징 해주고,
가려움과 같은 트러블성 두피 환경 개선에 도움을 주는
두피 딥클렌징 트리트먼트.

사용법 : 샴푸 후 적당량을 손에 덜어 모발과 두피에 골고루 바른 다음
1~3분 후 깨끗하게 헹구어 낸다.

✔ 살구씨 가루, 쌀겨 성분이 인텐시브 딥클렌징을 도와줌

천연유래 살구씨 가루, 쌀겨 성분이 두피에 쌓인 피지, 노폐물, 각질 등을
집중 케어하는데 도움을 준다.

✔ 모링가씨 추출물, Black Food Complex

모링가씨 추출물이 두피에 쌓인 피지, 노폐물, 각질 등을 딥클렌징 하는데 도움을
주고, Black Food Complex가 두피 트러블 진정 및 영양을 공급하는데 도움을 준다.

✔ 인공색소 Free, 실리콘 Free

두피에 자극이 될 수 있는 인공색소, 실리콘 같은 유해 성분들은 배제하여
두피에 마일드하게 작용한다.

컨셉 원료 요약

모링가씨 추출물 - 드럼스틱나무씨 추출물
딥클렌징

Black Food Complex
검은귀리, 퀴노아씨, 검정콩, 흑미, 검은깨
트러블성 두피 진정
두피/모발에 수분, 영양 공급

살구씨가루
스크럽제

쌀겨
스크럽제

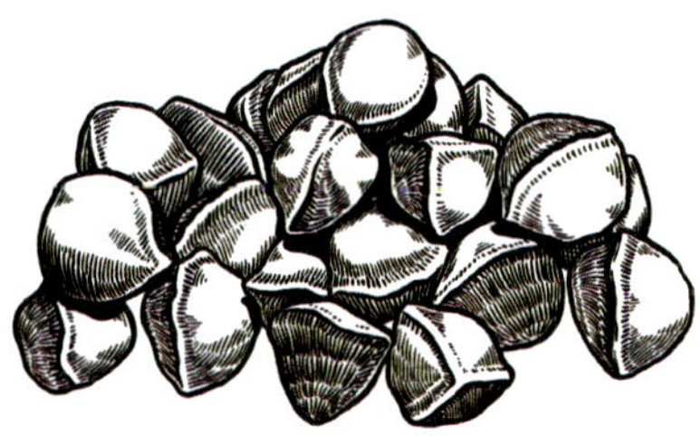

컨셉 원료

모링가 씨앗 추출물

모링가 나무의 씨앗 추출물은 두피 각질 완화에 매우 효과적이며,
두피 및 모발에 영양을 공급함.

모링가 씨앗의 '흙' 흡착 과정

1분 경과

12시간 경과

모링가 씨앗의 '(초)미세먼지' 및 중금속 흡착 과정

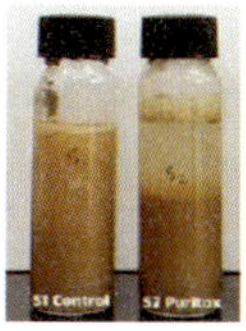

2시간 30분 경과

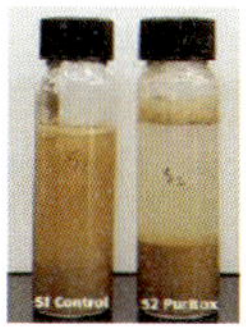

5시간 경과

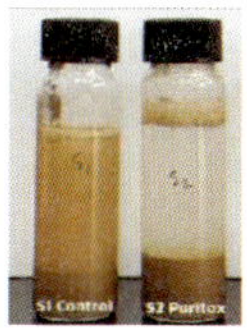

10시간 경과

살구씨 가루

살구씨 가루가 묵은 각질과 노폐물을 부드럽게 제거함.
살구씨에 함유된 오메가-9 불포화 지방산인 올레산 성분이
유해 산소로부터 두피를 보호함.

쌀겨

쌀 영양분의 약 95%가 집결되어 있는 쌀겨가
각질과 노폐물을 부드럽게 제거함.
미네랄, 비타민 B1, 비타민 E, 불포화 지방산을 다량 함유하여
건조하고 자극받은 두피에 수분과 영양을 공급하여 두피 보호막을 강화함.

VERE PLUVIA

베레 플루비아 : 민감성 두피용 트리트먼트

외부 자극으로 민감해진 두피를 빠르게 진정시키고,
수분과 영양을 공급하는 민감성 두피용 트리트먼트.

사용법 : 샴푸 후 적당량을 손에 덜어 모발과 두피에 골고루 바른 다음 1~3분 후 깨끗하게 헹구어 낸다.

✔ 민감해진 두피를 빠르게 진정시켜주는 민감성 두피용 트리트먼트

부드러운 크림 타입의 트리트먼트가 자극 받은 두피를 빠르게 진정시키고,
두피를 건강하게 가꾸는데 도움을 준다.

✔ 특허 받은 천연유래 복합물이 두피 진정 및 수분, 영양 공급

특허 받은 제주아기감귤, Phyto Calming Complex가
자극 받은 두피와 모발을 편안하게 진정시키고, 수분과 영양을 공급한다.

✔ 인공색소 Free, 실리콘 Free

두피에 자극이 될 수 있는 인공색소, 실리콘과 같은 유해 성분들을 배제해
민감한 두피에 순하게 작용한다.

컨셉 원료 요약

제주아기감귤 추출물 - 귤껍질 추출물
[특허 제10-1567633호]
두피 진정

Phyto Calming Complex
녹차, 병풀, 황금, 마트리카리아꽃,
스페인감초뿌리, 호장근뿌리, 로즈마리잎
두피/모발에 수분, 영양 공급

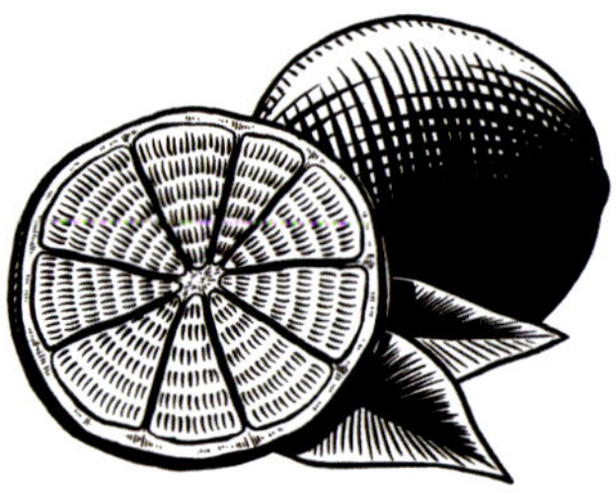

컨셉 원료

아기감귤 추출물

[특허 등록 번호 : 10-1567633호]

아기감귤 추출물은 아토피 치료에도 효과적으로 활용되며,
염증에 관여한 에오탁신-1의 발현을 억제시킴.
이를 통해 **두피 염증과 가려움증을 완화시키며,**
두피 장벽 개선에 대한 효과를 입증함.

Phyto Calming Complex

[특허 등록 번호 : 10-0812596호]

로즈마리, 캐모마일, 녹차, 병출, 감초, 호장근, 황금 추출물 등
7가지 천연 식물을 배합한 복합물로,
세포 독성 없이 강한 항염 및 진정에 효과적이며,
두피 장벽을 강화함으로써 손상된 두피를 보호함.

특허 받은 '아기감귤 추출물'과 '7가지 Phyto Calming Complex'의 효능 요약

자극 받은 두피에 대한 진정 효과	두피 염증 및 가려움증 완화	손상된 두피의 장벽 강화 효과	약산성 성분으로, ph5.5인 모발의 유수분 밸런스 유지

MOLLIS MARE

몰리스 마레 : 높은 보습력의 모발 트리트먼트

손상된 모발을 양질의 상태로 복원해주고,
촉촉한 질감으로 마무리 할 수 있도록 도움을 주는
모발용 트리트먼트.

사용법 : 샴푸 후 물기를 닦아내고 적당량을 모발 중간과 끝을 중심으로 골고루 바른다. 그 후, 부드러움이 남을 정도로 헹구어 낸다.

✔ 손상 모발을 복원, 보습력 강화

난각막과 아미노산계 활성제를 조합하고, 고보습 성분인 아가베 시럽을 배합하였다.

✔ 모발에 진한 바디감을 제공

풍부한 미네랄이 모발에 스며들어, 촉촉하고 매끄러운 질감을 연출한다.

✔ 향긋한 플로럴 향

플로럴 부케향을 적용하여 상쾌한 시술 및 향을 경험할 수 있다.

컨셉 원료 요약

아가베 시럽
하이드롤라이즈드블루아가베줄기 추출물
높은 보습력과 풍부한 미네랄

하이드롤라이즈드난각막
단백질의 구성 성분인 시스틴 다량 함유

아미노산계 활성제
소듐다이라우미도글루타미드라이신
수분 공급

컨셉 원료

아가베 시럽

하이드롤라이즈드블루아가베줄기 추출물로, 멕시코에서
신의 식물이라 불리고 있는 용설란에서 추출한 시럽.
9,000년 전부터 멕시코 원주민이 식용/의료용으로 사용.

풍부한 미네랄 함유 및 높은 보습력으로, 실크와 같은 모발 촉감으로 이끌어 줌.

아가베 시럽에는 글루코오스, 프룩토오스, 이눌린과 같은 당류가 풍부하게 함유되어 있는데, 이 당류가 공기 중의 수분을 모아 가두는 높은 보습효과를 제공. 또한 미네랄 성분, 비타민류도 함유하고 있어, 모발뿐만 아닌 두피 안쪽부터 보습력을 강화함.

<모발 분포도>

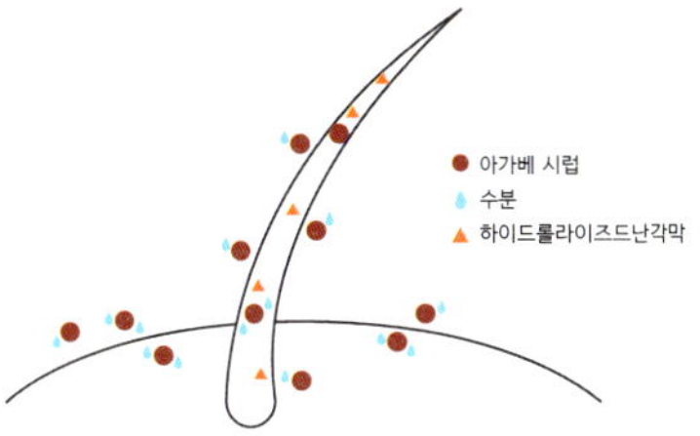

<수분 증가량>

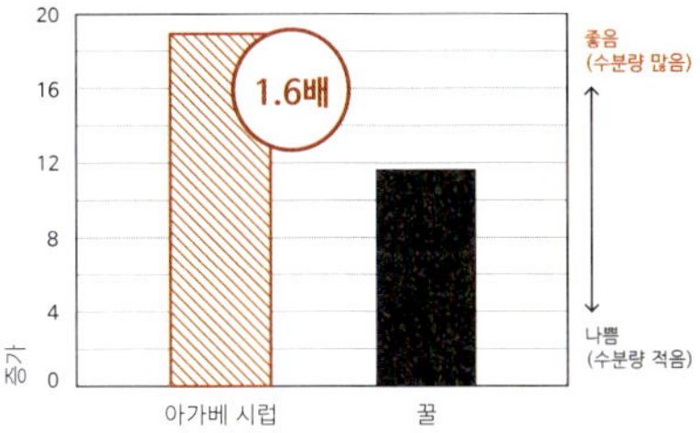

시험조건 : 팔에 직접 꿀, 아가베 시럽을 각각 도포한 후, 깨끗하게 닦아냄.
수분량은 도포 전후로 측정하고 증가량 계산.

하이드롤라이즈드난각막

옛날부터 상처 치료에 자주 사용될 만큼 **모발과 피부에 매우 효과적**인 성분인 난각막은, 건강한 모발처럼 시스틴이 다량 함유되어 있을 뿐만 아니라, 그 밖의 아미노산 또한 **모발과 유사하여 건강한 모발을 유도함.**

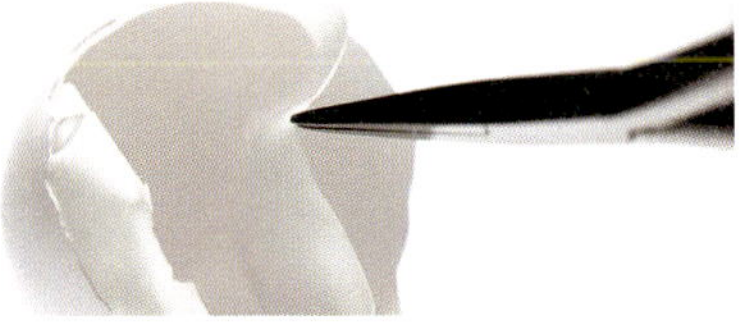

아미노산계 활성제

소듐다이라우미도글루타미드라이신 성분으로, 식물유래 아미노산계 활성제를 사용함으로써, **촉촉함을 지속적으로 유지할 수 있음.**

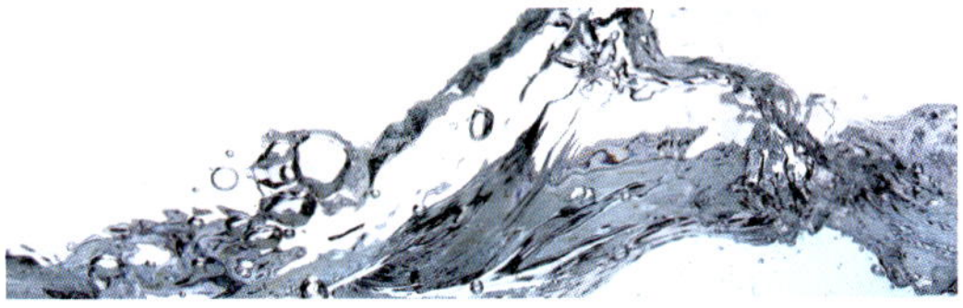

REMISSIO

레미시오 : 헤어 에센스

모발을 진정시키고 보습력을 더해주어
손상된 모발에 휴식을 주는 헤어 에센스.

사용법 : 모발이 건조한 상태에서 본품을 적당량 손에 덜어 모발 중간부터 끝까지 도포합니다. 모발 손상도에 따라 수시로 덧발라 줄 수 있습니다.

컨셉 성분 요약

1. 메도우폼델타 - 락톡

보습/유연제, 열케어 성분

- 메도우 폼 씨앗에서 추출한 성분으로, 높은 보습력 보유
- 유사 큐티클을 만들어 부드럽고 윤기 있는 모발 연출
- 열과 모발이 반응하여 아이드 결합을 통해 모발에 장착

2. 케라틴 MIX

모발 보수 성분

- 양모를 구성하는 케라틴 단백질의 하이드롤라이즈드 케라틴, 하이드록시프로필트라이모늄하이드롤라이즈드케라틴 등 혼합
- 모발 또는 피부와 동일한 성분으로 모발 탄력에 도움을 주며, 손상된 부분을 케어

3. 호호바씨 오일

보습/유연제 성분

- 호호바씨에서 추출한 유분
- 사람의 피지와 유사한 성분으로 모발과 융화
- 보습력이 높아, 모발 건조증을 방지

4. 마카다미아씨 오일

보습/유연제 성분

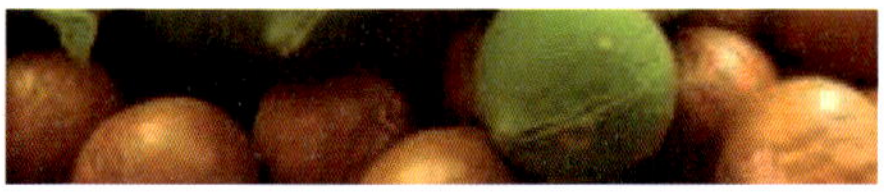

- 마카다미아씨에서 추출한 유분
- 노화에 따라 자연스럽게 감소하는 "팔미톨레산" 다량 함유
- 보습력이 높아 모발을 정돈하는데 효과적

5. 시어버터

보습/유연제 성분, 윤기 성분

- 시어씨에서 추출한 천연 버터 성분
- 수분 증발을 억제하고, 수분을 가두는데 효과적
- 모발에 윤기를 제공하여, 촉촉한 모발을 유지

제품 POINT

모발에 직접 녹아들어 침투하는 제품으로, **촉촉하고 윤기 있는 모발**을 연출하는 에센스

천연유래 성분 90% 이상 정제수를 포함한 천연유래 성분이 90%이상 함유됨.	**모발에 대한 과학적 접근을 기반으로 한 케라틴 MIX** 콜텍스, 메듈라, 큐티클에 독보적인 케라틴 MIX를 통해 건강한 모발로 보수함.	**열케어 성분 함유** 열에 반응하는 천연 성분인 히트 리페어 성분으로 열로부터 모발을 보호함.
독보적인 보습 성분 함유 강력한 보습효과를 모발에 제공하기 위한 보습 성분을 첨가함.	**녹아내리는듯한 부드러운 크림 제형** 크림 제형으로 침투력을 높이고, 손에 남지 않음.	**실리콘 FREE** 자극이 될 수 있는 실리콘 성분을 배제하여 모발을 건강하게 가꾸는 데 도움을 줌.

컨셉 향기 성분

Sweet Fruity Floral

산뜻한 시트러스, 카시스 향의 탑 노트와 부드러운 플로럴 향의 미들 노트,
녹아내리는듯 달콤하고 화사한 향의 베이스 노트의 조화

TOP NOTE	Orange Grape Fruit Cassis
MIDDLE NOTE	Freesia Peony Peach
BASE NOTE	Vanilla Heliotrope Patchouli Amber

SS / SEDO SIMPLEX
세도 심플렉스 : 소프트 헤어 왁스

TT / TENERE TEMPUS
테네레 템푸스 : 하드 헤어 왁스

천연 유래 안전한 주성분으로 구성된 왁스로,
강력한 스타일링과 깨끗한 세정이 동시에 가능한 제품.

사용법 : 손에 적당량(소량) 덜어 고르게 문지르고, 모발 뿌리부터
홀딩하면서 도포한 후 원하는 스타일로 만져줍니다.

개발 개요 및 기획 방향성

- ✔ 천연 성분으로, 각종 피부 트러블로부터 보호할 수 있는 제품
- ✔ 물만으로도 충분히 잔여물을 세정 가능한 제품
- ✔ 다양한 성분을 통해 모발에 수분 및 영양을 공급하는 제품

컨셉 성분 요약

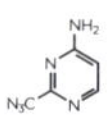

Amino Acid Complex
모발 조직을 구성하는 아미노산 중 염기성 아미노산 히스티딘 / 라이신 / 알자닌 등 17가지 아미노산 성분을 함유하여, 모발 손상을 방지함.

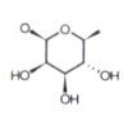

사포닌
해로운 과산화 지질 합성을 막아 혈관에 지질 성분이 쌓이는 것을 방지함.

검은콩
검은콩이 보유하고 있는 풍부한 비타민 B1은 모발 성장 및 건강에 중요한 영향을 미치는 중요한 영양소로써, 이를 통해 모발에 윤기와 탄력을 증진시킴.

완두콩
완두콩을 펩타이드화 시킨 원료인 EMortal Pep 성분 함유.
* EMortal Pep(Hair)는 헤어 관련 세포인 Dermal Papilla Cell에서 탈모 관련 신호전달물질 중의 하나인 TGF -β1의 활성을 감소시킴.

제품 공통 효능 및 효과

보습 및 진정

검은콩 / 완두콩 단백질 등 모발에 영양을 공급하는 성분으로 손상 모발의 진정 및 보습에 효과적.

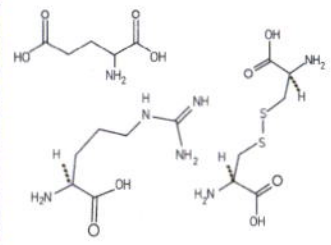

다양한 스타일링 구현

2종으로 구성되어 있어 다양한 방식의 스타일 연출 가능.

깔끔한 세정력

수용성 성분으로 이루어져 있어, 찬물 세정력이 매우 우수.

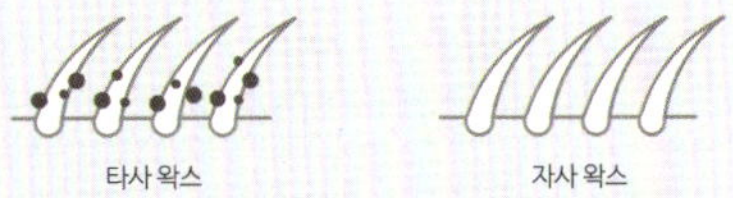

천연 왁스 성분 다량 함유

천연 왁스 성분으로 두피를 안전하게 보호할 수 있음.

유해 성분을 최소화, 안전한 사용에 적합함

각종 부작용을 일으키는 유해 성분을 최소화하여 안전하게 사용 가능.

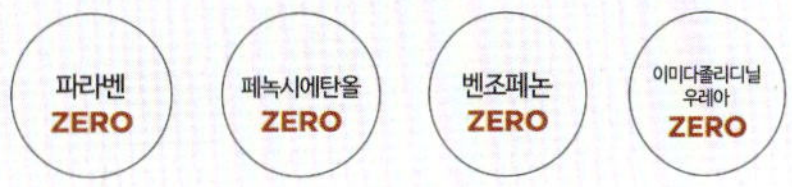

제품별 특징 설명

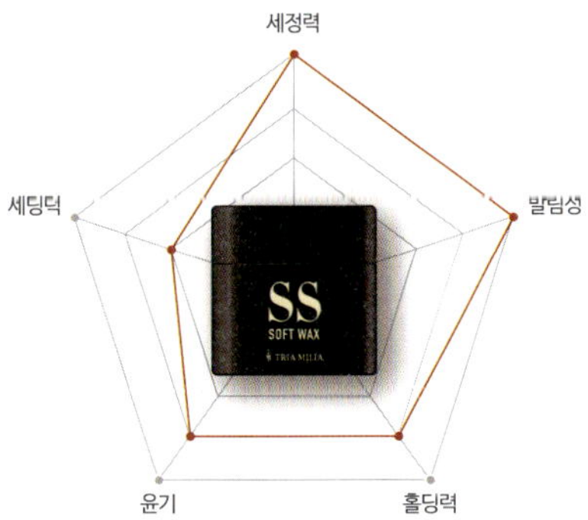

SS / SEDO SIMPLEX

세팅력이 비교적 약하지만,
발림성이 좋아 **긴머리 연출에 효과적인 소프트 왁스**

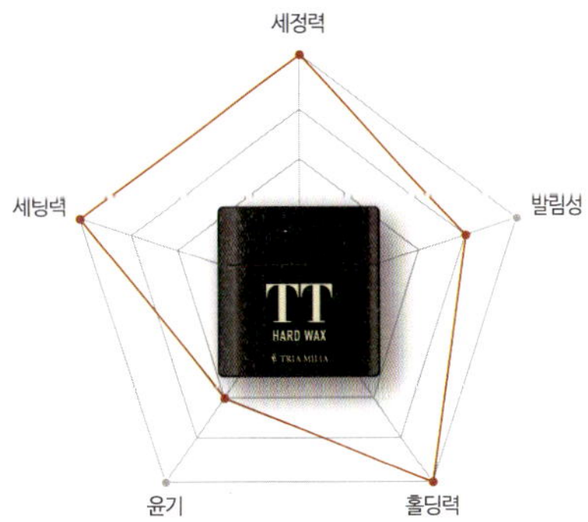

TT / TENERE TEMPUS

세팅력이 비교적 강하며,
오랜 시간 **지속적으로 스타일을 유지시켜주는 하드 왁스**

참고 문헌

- https://terms.naver.com/entry.nhn?docId=1234424&cid=40942&categoryId=31937
- https://terms.naver.com/entry.nhn?docId=932693&cid=43667&categoryId=43667
- https://blog.naver.com/yd4335/221185516560
- https://terms.naver.com/entry.nhn?docId=926793&cid=51007&categoryId=51007

- 김옥연 외, "친절한 샴푸&헤드스파테크닉", 메디시언, 2017
- 월간 오카파 편집부, "최고의 헤어디자이너를 만드는 실전 살롱워크 가이드북", 김현주(역), 가미쇼보코리아, 2014
- 케라스타제 파리 아카데미, "케라스타제 헤드 스파"
- 존스캇&안드레아 해리슨, "SPA : 스파테라피 서비스 산업 프로(중급)을 위한", 정태수 외(역), 메디시언, 2008
- 피부재생관리위원회, "여드름의 치료방법과 피부 재생관리", 고려의학, 2000
- Gerad Peyrefitte, 피부학, 한영숙 외(역), 정담미디어, 2005
- 왕 명 외, "경혈MAP: 일러스트로 배우는 십사경혈, 기혈, 이혈, 두침", 최훈 외(역), 군자출판사, 2005
- 임은진 외, "두피모발관리학", 메디시언, 2016
- 조성일 외, "Hair Science", 청구문화사, 2015
- 김경영 외, "에센스 화장품학", 메디시언, 2019
- 이은우 외, "화장품학 실습 가이드북", 메디시언, 2018
- 권혜영 외, "피부과학", 메디시언, 2016
- 강승연 외, "에센스 아로마테라피", 메디시언, 2015
- 김연숙 외, "아로마테라피", 메디시언, 2018
- 전미란 외, "스파마사지", 메디시언, 2014
- 윤범철 외, "에센스 인체해부학", 메디시언, 2018
- 김봉인 외, "미용인을 위한 해부생리학", 메디시언, 2015
- 고혜정 외, "미용과 근육", 메디시언, 2014
- 김성준, "알킬 설페이트 및 알킬 에테르 설페이트계 음이온계면활성제를 함유한 샴푸가 두피에 미치는 영향", "News & Information for Chemical Engineers", vol.28, No.6: 753-759. 2010.
- 윤복연, "뷰티 숍의 샴푸 테크닉에 관한 연구", 대한미용문화예술학회지, 1권 2호: 21-32. 2012

- 조혜정 외, “샴푸 시 진행되는 테크닉 순서 제안”, 한국미용학회지, 22권 6호: 1331-1340. 2016
- 김미현, “두피, 모발 관리 시 샴푸 전 브러싱의 효과”, 대한미용학회지, 8권 4호: 1331-1340. 2012
- Anne Williams. Spa Bodywork: A Guide for Massage Therapists. Lippincott Williams&Wilkins. 2007
- Salvatore Battaglia.『The complete guide to aromatherapy(3rd edition)』. Black Pepper Creative. 2018
- “샴프 & 트리트먼트”, 험블럼블, 트리아밀리아 브랜드 북, 2019

찾아보기

ㅅ

ㅇ

ㅈ

ㅊ

ㅋ

ㅌ

ㅍ

ㅎ

기타

한 권으로 끝내는

헤어샴푸 & 헤드스파

2020년 3월 15일 초판 인쇄
2020년 3월 20일 초판 발행

저 자 피현길 · 김선희 · 김수미

펴낸이 주병오 · 주민기

발행처 메디시안

경기도 파주시 회동길 209
파주출판문화도시

마케팅팀 (031) 955-7566 · 7577
편집디자인팀 (031) 955-7731
FAX (031) 955-7730
홈페이지 www.ji-gu.co.kr
이메일 jigupub@hanmail.net
등록번호 2005년 2월 16일
제406-2005-000045호

ISBN 979-11-86739-90-7 값 22,000원